全国城市轨道交通专业高职高专规划教材

Gongcheng Zhitu ji CAD

工程制图及 CAD

沈 凌　焦仲秋　郭景全　**主 编**

王春荟　王冬英　**副主编**

宋延安[中铁建轨道交通工程有限公司]　**主 审**

人民交通出版社

内 容 提 要

本书为全国城市轨道交通专业高职高专规划教材。主要内容包括:工程制图的基本知识、AutoCAD 的基本操作、正投影和投影作图、工程形体的表达方法以及与轨道施工相关的工程图的内容、图示特点和读图方法,并用 AutoCAD 绘制建筑施工图的常用方法和技巧。

本书可作为高职、中职院校城市轨道交通工程技术专业的教学用书,也可作为土木类 CAD 中(高)级绘图职业技能证的培训辅导教材,或作为有关的工程技术人员参考用书。

* 本书配有多媒体课件,读者可通过加入职教轨道教学研讨群(QQ 群 129327355)索取。

图书在版编目(CIP)数据

工程制图及 CAD / 沈凌,焦仲秋,郭景全主编.—北京:
人民交通出版社,2014.1
全国城市轨道交通专业高职高专规划教材
ISBN 978-7-114-10761-0

Ⅰ. ①工… Ⅱ. ①沈… ②焦… ③郭… Ⅲ. ①工程制图—AutoCAD 软件—高等职业教育—教材 Ⅳ. ①TB237

中国版本图书馆 CIP 数据核字(2013)第 152849 号

全国城市轨道交通专业高职高专规划教材

书　　名:工程制图及 CAD
著 作 者:沈 凌　焦仲秋　郭景全
责任编辑:袁 方　刘 君
出版发行:人民交通出版社
地　　址:(100011)北京市朝阳区安定门外外馆斜街 3 号
网　　址:http://www.ccpress.com.cn
销售电话:(010)59757973
总 经 销:人民交通出版社发行部
经　　销:各地新华书店
印　　刷:北京虎彩文化传播有限公司
开　　本:787×1092　1/16
印　　张:10.5
字　　数:247 千
版　　次:2014 年 1 月　第 1 版
印　　次:2023 年 5 月　第 7 次印刷
书　　号:ISBN 978-7-114-10761-0
定　　价:30.00 元

(有印刷、装订质量问题的图书由本社负责调换)

全国城市轨道交通专业高职高专规划教材
编审委员会

出版说明

我国轨道交通正处于快速发展阶段,目前已有 30 个城市的轨道交通建设规划获批,预计至 2020 年,我国城市轨道交通累计营业里程将达到 7395km,而我国有发展轨道交通潜力的城市更是多达 229 个,预计 2050 年规划的线路将增加到 289 条,总里程数将达到 11700km。

面临这一大好形势,各地职业院校纷纷开设了城市轨道交通相关专业。为了适应我国城市轨道交通专业高职高专教育对教材建设的需要,我们在 2012 年推出城市轨道交通运营管理专业高职高专规划教材之后,广泛征求了各职业院校的意见,规划了全国城市轨道交通工程技术专业高职高专规划教材。

为保证教材出版质量,我们从开设城市轨道交通工程技术专业的优秀院校中遴选了一批骨干教师,组建成教材的编写团队;同时,在高等院校、施工企业、科研院所聘请一流的行业专家,组建成教材的审定团队,初期推出以下 13 种:

《工程地质》

《工程制图及 CAD》

《工程力学》

《土力学与地基基础》

《轨道交通概论》

《轨道工程测量》

《桥梁工程技术》

《轨道施工组织与概预算》

《轨道工程材料》

《轨道养护与维修技术》

《轨道施工技术》

《路基施工技术》

《隧道及地下工程技术》

本套教材具有以下特点:

1. 体现了工学结合的优势。教材编写过程努力做到了校企结合,聘请地铁施工企业参与编写、审稿,并提供了大量的施工案例。

2. 突出了职业教育的特色。教材内容的组织围绕职业能力的形成,侧重于实

1

际工作岗位操作技能的培养。

3.遵循了形式服务于内容的原则。教材对理论的阐述以应用为目的,以够用为尺度。语言简洁明了、通俗易懂;版式生动活泼、图文并茂。

4.整套教材配有教学课件,读者可于人民交通出版社网站免费下载;每章后附有复习思考题,部分章节还附有实训内容。

希望该套教材的出版对全国职业院校城市轨道交通专业教材体系建设有所裨益。

全国城市轨道交通专业高职高专规划教材

编审委员会

2013 年 5 月

前　言

　　全国城市轨道交通的大发展,带来了轨道高职技术技能型人才的大需求,给城市轨道交通专业的发展带来了前所未有的机遇。本书按照轨道交通土木工程专业的教学要求编写而成。高等职业教育倡导"以服务为宗旨,以就业为导向",旨在培养生产、建设、管理、服务第一线岗位需要的高级技术应用型人才,实行"工学结合"的人才培养模式,使高职院校培养的学生可以更好地与企业需求相一致。本书注重与行业、企业实际相结合,将工程制图课程以课堂传授知识为主的学校教育与直接获取实际经验和能力为主的生产现场教育相结合,最大限度地实现学生就业与企业人才需求的无缝对接。

　　本书主要包括四个方面的内容:制图的基本知识——介绍工程制图标准、几何作图;AutoCAD 的基本操作——以 AutoCAD 2008(中文版)为平台,介绍了设置合适的绘图环境、绘制平面图形、尺寸标注;投影作图——介绍投影基础、正投影法、立体的投影、工程形体的表达方法;轨道施工相关工程图的识读——介绍铁路线路工程图、建筑施工图、钢筋混凝土结构图、桥梁、涵洞、隧道工程图。

　　与其他同类型教材相比较,本书有以下几个主要特点:

　　1.把制图的知识内容直接用 CAD 进行绘制,将制图和 CAD 两者在部分章节进行有机的糅合,不再单列出 AutoCAD 的绘图部分。避免前后内容重复,使学生更快适应无纸化绘图。

　　2.不再把 AutoCAD 软件操作作为独立知识体系而逐条介绍,而是结合制图实例,注重实用效果地重点讲解。本专业用得多的操作就重点介绍,用得少的操作就简单介绍或不介绍。注重绘图软件操作的应用深度,而不追求绘图软件的了解广度。

　　3.本书结合国家对高职教育的职业技能证书的要求,重点对接了土木 CAD 中(高)级绘图员的考证内容。

　　4.为适应软件操作的特点,书中设有"小贴士"栏目作为要点提示。

　　本书可作为高职、高专及成人院校城市轨道交通专业的教学用书,也可作为土木类 CAD 中(高)级绘图职业技能证的培训辅导教材,可供有关的工程技术人员参考。

　　本书由广东交通职业技术学院沈凌、齐齐哈尔铁路工程学校焦仲秋和南京交通职业技术学院郭景全担任主编,福建船政交通职业学院王春茶和广东交通职业技术学院王冬英担任副主编,吉林交通职业技术学院于慧玲、福建船政交通职业学院吴梅容、广东交通职业技术学院刘灿参编。具体编写分工为:第一章和第五章由王冬英编写,第二章和第六章由郭景全编写,第三章由吴梅容编写,第四章由于慧玲编写,第七章和第八章由沈凌编写,第九章、第十章和第十一章由焦仲秋、王春茶编写。全书由沈凌负责统稿。

本书由中铁建港航局集团轨道交通工程有限公司宋延安高级工程师担任主审,他对本书的编写提出了许多宝贵意见和建议。在此向他表示衷心的感谢。

由于作者的水平和经验有限,本书难免存在不足,敬请广大读者批评指正。

编者

2013 年 6 月

2

□■ 目　　录

第一章 制图的基本知识

第一节 基本制图标准

工程图样是工程界的技术语言,是施工的依据。为了使工程图样表达统一、清晰,满足设计、施工等的要求,又便于技术交流,对图幅大小、图线的画法、字体、比例、尺寸标注等都有统一的规定。

一、图幅、标题栏及会签栏

1. 图幅及图框

图幅是指图纸宽度与长度组成的图面,其目的是便于装订和管理。国标对图幅制定了 A0、A1、A2、A3、A4 五种规格,如图 1-1 所示。从图中可以看出,A1 幅面是 A0 幅面的对开,A2 幅面是 A1 幅面的对开,其他幅面以此类推。

图幅线用细实线画,图幅线的内侧有图框线,用粗实线画,图框线内部的区域才是绘图的有效区域。图幅的大小、图幅与图框线之间的关系,应符合表 1-1 的规定及图 1-2 所示的格式。图纸以短边作为垂直边应为横式,以短边作为水平边应为立式。一般 A0 ~ A3 图纸宜用横式。

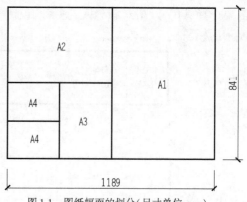

图 1-1 图纸幅面的划分(尺寸单位:mm)

幅面及图框尺寸(单位:mm)   表 1-1

幅面代号	A0	A1	A2	A3	A4
幅面尺寸 $b \times l$	841×1189	594×841	420×594	297×420	210×297
装订边 a	25				
其余三边 c	10			5	

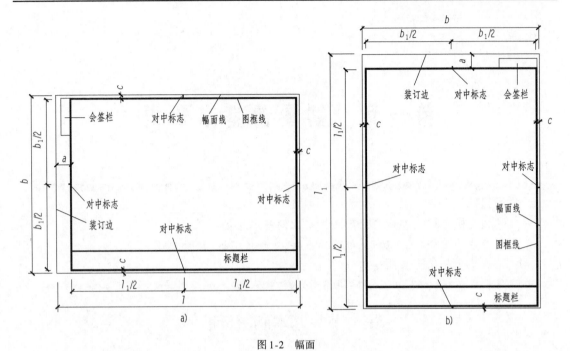

图 1-2　幅面
a)横式幅面;b)立式幅面

2.标题栏及会签栏

(1)标题栏

图纸标题栏(简称图标),工程用标题栏主要填写设计单位名称、注册师签章、项目经理、修改记录、工程名称区、图号区、签字区等,如图 1-3 所示。标题栏位于图纸的下边,根据工程需要选择其尺寸、格式和分区,签字区包括实名列和签名列。但学生制图作业建议采用图 1-4 所示的标题栏。

设计单位名称	注册师签章	项目经理	修改记录	工程名称区	图号区	签字区	会签栏

图 1-3　标题栏格式(尺寸单位:mm)

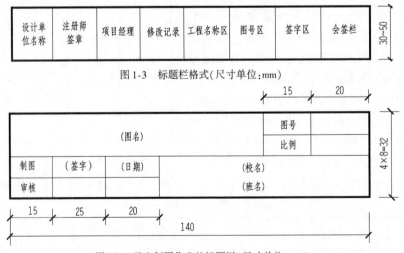

图 1-4　学生制图作业的标题栏(尺寸单位:mm)

(2)会签栏

需要会签的图纸,在横式幅面图纸的左上角或立式幅面图纸的右上角图框线外有会签栏,会签栏是为各工种负责人签字用的表格,其尺寸为 100mm×20mm。栏内应填写会签人员所代表的专业、姓名、日期,其格式如图1-5所示。

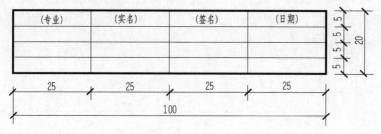

图1-5 会签栏格式(尺寸单位:mm)

二、图线

图线是指起点和终点间以任何方式连接的一种几何图形,形状可以是直线或曲线,连续线或不连续线。工程图样中为了表达不同的内容,并能分清主次,因此要用到不同的线型和线宽的图线。

1. 线型

图线分实线、虚线、点画线、折断线和波浪线等,其中实线、虚线分为粗、中粗、中、细四种,点画线分为粗、中、细三种,而折断线和波浪线均为细线。各种线型、线宽及用途见表1-2所示。

线 型 　　　　　　　　　　　　　　表1-2

名 称		线 型	线 宽	一 般 用 途
实线	粗		b	主要可见轮廓线
	中粗		$0.7b$	可见轮廓线
	中		$0.5b$	可见轮廓线、尺寸线、变更云线
	细		$0.25b$	图例线、尺寸线、尺寸界线等
虚线	粗		b	见各有关专业制图标准
	中粗		$0.7b$	不可见轮廓线
	中		$0.5b$	不可见轮廓线
	细		$0.25b$	图例填充线、图例线等
单点长画线	粗		b	见各有关专业制图标准
	中		$0.5b$	见各有关专业制图标准
	细		$0.25b$	中心线、对称线、轴线等
双点长画线	粗		b	见各有关专业制图标准
	中		$0.5b$	见各有关专业制图标准
	细		$0.25b$	假想轮廓线、成型前原始轮廓线
折断线	细		$0.25b$	断开界线
波浪线	细		$0.25b$	断开界线

2. 线宽

表 1-3 中 b 为基本线宽,确定基本线宽时应根据工程形体的复杂程度和比例大小。b 值宜在 0.13～1.4mm 之间选择,一旦粗线的宽度 b 确定后,中粗线、中线及细线的宽度也就随之确定。表 1-3 中列出了线宽组。

线　宽　　　　　　　　　　　　表 1-3

线 宽 比	线宽组(mm)			
b	1.4	1.0	0.7	0.5
$0.7b$	1.0	0.7	0.5	0.35
$0.5b$	0.7	0.5	0.35	0.25
$0.25b$	0.35	0.25	0.18	0.13

注:①需要缩微的图纸,不宜采用 0.18 及更细的线宽;
　　②同一张图纸内,各不同线宽中的细线,可统一采用较细的线宽组的细线。

3. 绘制图线的注意事项

(1)同一张图样内,相同比例的各图样,应选用相同的线宽组。

(2)相互平行的图线,其净间隙或线中间隙不宜小于 0.7mm。

(3)虚线、单点长画线或双点长画线的线段长度和间隔,宜各自相等。

(4)单点长画线或双点长画线,当在较小图形中绘制有困难时,可用实线代替。

(5)图线不得与文字、数字或符号重叠、混淆,不可避免时,应首先保证文字的清晰。

目前的计算机辅助设计绘图系统,一般提供了多种线型供用户选择。因此,在绘图时,应注意为图线选择合适的线型及线宽,除实线外的其他线型应调整线型比例,以达到满意的显示效果。

三、字体

工程图样除图线外,还需标注尺寸数字、轴线编号和文字说明等。手工标注数字、字母和汉字时,必须笔画清晰、字体端正、排列整齐,否则影响图纸质量,甚至造成工程事故。在计算机所绘图中标注数字、字母和汉字,要先设定文字的样式,然后由计算机自动生成,具体的操作将在第二章详细讲解。

1. 字高

字体的高度用 h 表示,国标规定其系列尺寸为:1.8mm、2.5mm、3.5mm、5mm、7mm、10mm、14mm、20mm。若要书写更大的字,其字体高度应按 $\sqrt{2}$ 的比率递增。字体高度代表字体的号数,例如 7 号字即字高为 7mm。

2. 汉字

工程图样及说明中的汉字,宜采用长仿宋体(矢量字体)或黑体,同一图纸字体种类不应超过两种。长仿宋体字的高宽比约为 3:2,黑体字的高宽比为 1:1。汉字的高度应不小于 3.5mm。汉字的高度与宽度的关系见表 1-4。

手工书写长仿宋体字的要领为:横平竖直、起落分明、结构匀称、笔锋满格。长仿宋体字示例如图 1-6 所示。

长仿宋字高宽关系（单位：mm） 表1-4

字高	20	14	10	7	5	3.5
字宽	14	10	7	5	3.5	2.5

10号字

字体工整　笔画清楚　间隔均匀　排列整齐

7号字

横平竖直　起落分明　结构匀称　笔锋满格

5号字

城市轨道交通工程技术　高速铁道技术

图1-6　长仿宋体字示例

3. 字母与数字

工程图样及说明中的拉丁字母、阿拉伯数字与罗马数字，宜采用单线简体或 ROMAN 字体。字母与数字分一般字体和窄字体两种，又有直体字和斜体字之分。字母与数字的字高应不小于 2.5mm，斜体字与水平呈 75°，如图1-7 所示。

图1-7　一般字体示例

四、比例

工程图样的比例,就是图形与实物相对应的线性尺寸之比。图样比例分原值比例、放大比例、缩小比例三种。根据实物的大小与结构的不同,绘图时可根据情况放大或缩小。比例的大小是指比值的大小,譬如 1:10 大于 1:100。比例宜标注在图名的右侧,字的基准线应取平;比例的字高应比图名的字高小一号或二号,如图 1-8 所示。

平面图 1:100   ⑥ 1:20

图 1-8 比例的标注

绘图时所用的比例,应根据图样的用途和被绘对象的复杂程度,从表 1-5 中选用,并优先选用表中的常用比例。

绘 图 比 例   表 1-5

常 用 比 例	1:1、2:1、5:1、$1 \times 10^n:1$、$2 \times 10^n:1$、$5 \times 10^n:1$、1:2、1:5、$1:1 \times 10^n$、$1:2 \times 10^n$、$1:5 \times 10^n$
可 用 比 例	2.5:1、4:1、$2.5 \times 10^n:1$、$4 \times 10^n:1$、1:1.5、1:2.5、1:3、1:4、1:6、$1:1.5 \times 10^n$、$1:2.5 \times 10^n$、$1:3 \times 10^n$、$1:4 \times 10^n$、$1:6 \times 10^n$

一般情况下,一个图样应选用一种比例。根据专业制图的需要,同一图样可选用两种比例。若表 1-5 中比例不能满足特殊情况的要求也可自选比例。

不论采用何种比例绘图,尺寸数值均按原值标注,与绘图的准确度及所用比例无关。

五、尺寸标注

工程图样中,图形仅表达了工程形体的形状及材料等内容,而不能反映工程形体的大小,因此还必须准确、详尽、清晰地标注尺寸,并配以相关说明,这样才能作为制作、施工时的依据。如果尺寸有遗漏或错误,都会给施工带来困难和损失。

1. 尺寸的组成

图样上的尺寸由尺寸界线、尺寸线、尺寸起止符号和尺寸数字组成,如图 1-9 所示。

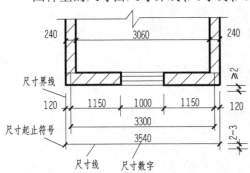

图 1-9 尺寸的组成(尺寸单位:mm)

(1)尺寸界线。表示尺寸的范围。用细实线绘制,一般应与被标注长度垂直,其一端应离开图样的轮廓线不小于 2mm,另一端应超出尺寸线 2~3mm。必要时可利用图样轮廓线、中心线及轴线作为尺寸界线。

(2)尺寸线。表示尺寸的方向。用细实线绘制,并与被标注长度平行,与尺寸界线垂直相交。互相平行的尺寸线,应从被标注的图样轮廓线由近向远整齐排列,小尺寸应离轮廓线较近,大尺寸应离轮廓线较远。平行排列的尺寸线的间距宜为 7~10mm。图样上任何图线都不得用作尺寸线。

(3)尺寸起止符号。表示尺寸的起止位置。有与水平线成 45°夹角的中粗短斜线和箭头两种。线性尺寸的起止符号一般用中粗短斜线,其倾斜方向应与尺寸界线成顺时针 45°角,长度宜为 2~3mm;半径、直径、角度与弧长的尺寸起止符号,宜用箭头表示。

（4）尺寸数字。表示尺寸的真实大小，图样的尺寸应以尺寸数字为准，不得从图上直接量取。图样上标注的尺寸，除高程及总平面图以米为单位外，其他均以毫米为单位，图上尺寸数字都不再注写单位。

2.尺寸标注的基本规定

尺寸标注的基本规定见表1-6。

尺寸标注的基本规定　　　　　　　　　　　　　　　　　　　表1-6

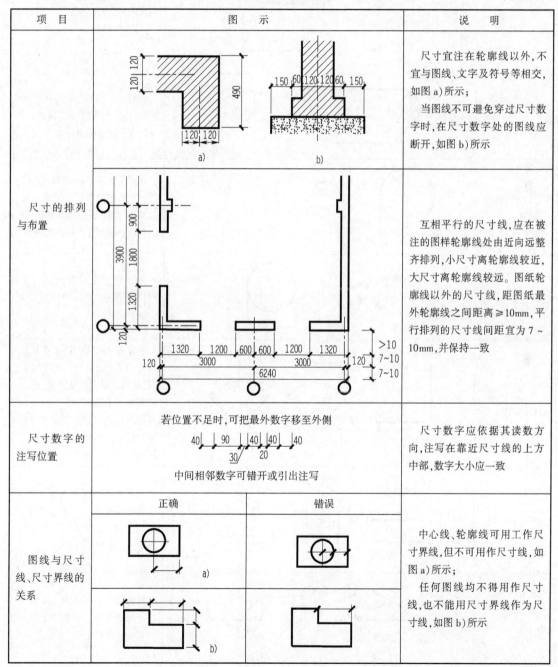

项　目	图　示	说　明
尺寸的排列与布置	a) b)	尺寸宜注在轮廓线以外，不宜与图线、文字及符号等相交，如图a)所示； 当图线不可避免穿过尺寸数字时，在尺寸数字处的图线应断开，如图b)所示
		互相平行的尺寸线，应在被注的图样轮廓线处由近向远整齐排列，小尺寸离轮廓线较近，大尺寸离轮廓线较远。图纸轮廓线以外的尺寸线，距图纸最外轮廓线之间距离≥10mm，平行排列的尺寸线间距宜为7～10mm，并保持一致
尺寸数字的注写位置	若位置不足时，可把最外数字移至外侧 中间相邻数字可错开或引出注写	尺寸数字应依据其读数方向，注写在靠近尺寸线的上方中部，数字大小应一致
图线与尺寸线、尺寸界线的关系	正确　　　　　　错误 a) b)	中心线、轮廓线可用工作尺寸界线，但不可用作尺寸线，如图a)所示； 任何图线均不得用作尺寸线，也不能用尺寸界线作为尺寸线，如图b)所示

项　目	图　　　示	说　　明
尺寸数字的读数方向	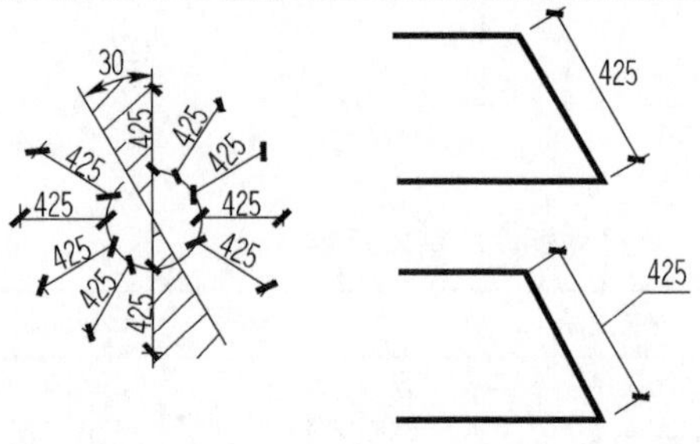 a)　　　　　b)	尺寸数字读数方向应按图 a)规定注写;若尺寸数字在 30°斜线区内,宜按图 b)形式标注
半径的标注方法	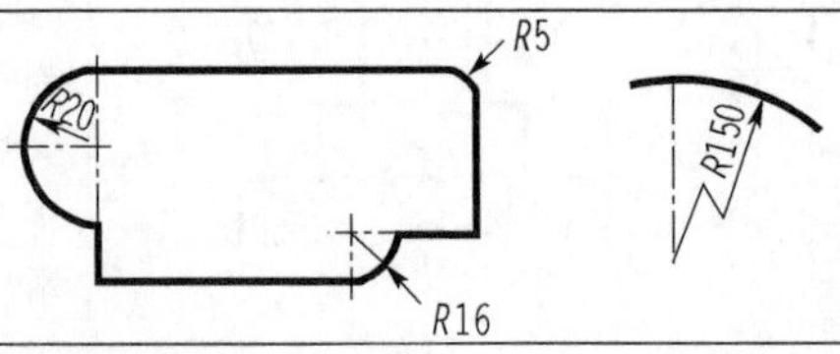	半径的尺寸线,一端从圆心开始,另一端画箭头指向圆弧;半径数字前应标注符号"R"
圆直径的标注方法	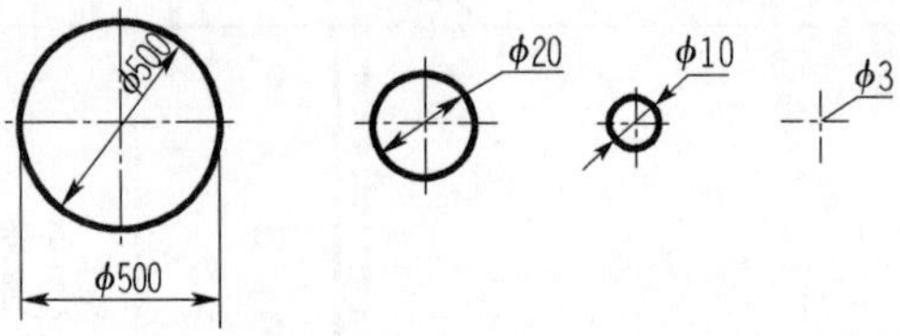	在直径数前应标注符号"φ"在圆内标注的直径尺寸线应通过圆心,两端箭头指向圆弧;较小的圆直径尺寸可标注在圆外
球半径直径的标注方法	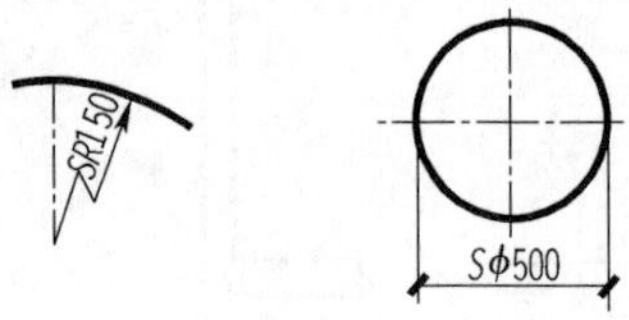	标注球的半径或直径尺寸时,应在数字前加符号"SR"或"Sφ"
角度、弧度、弦长的标注	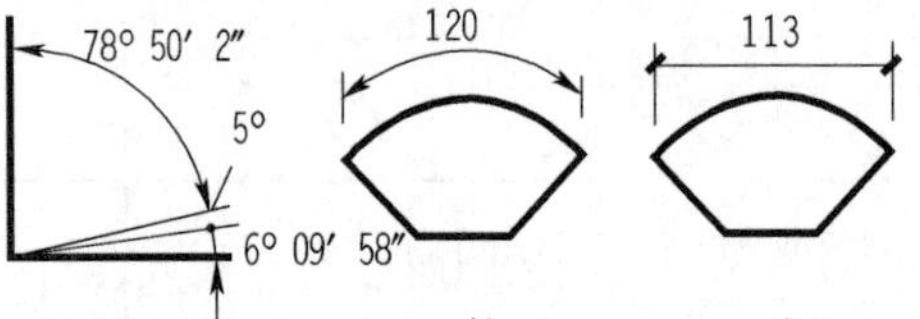 a)　　　b)　　　c)	角度的尺寸线应以弧度线表示。该圆弧的圆心是角的顶点,角的两边为尺寸界限;起止符号用箭头表示,位置不足时可用圆点代替,角度数字在水平方向标注如图 a),弧长标注法如图 b),弦长标注法如图 c)
坡度的标注	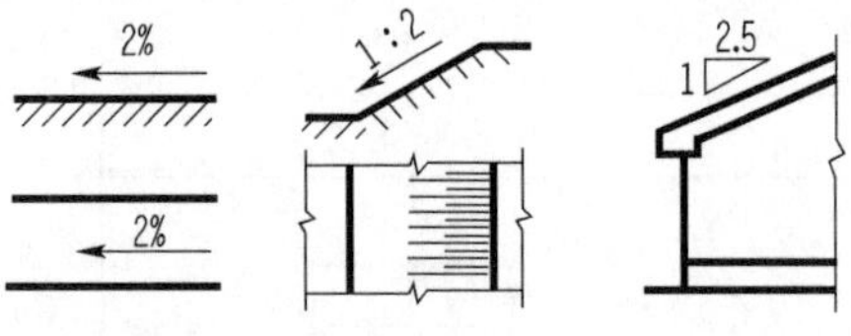 a)　　　b)　　　c)	坡度数值下应加注坡向(箭头指向下坡方向)符号如图 a),b)所示,坡度也可用直角三角形的形式标注如图 c)
单线图尺寸标注法	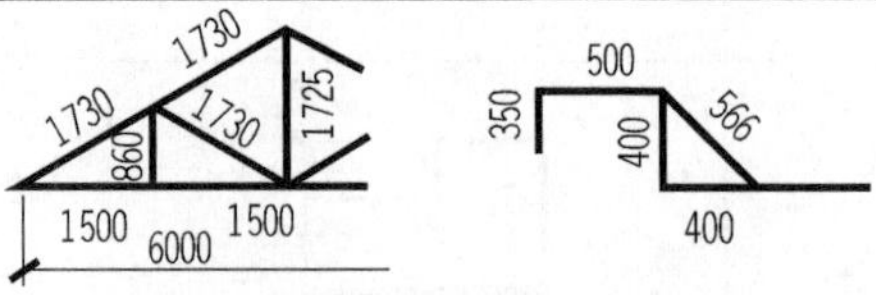 a)　　　　　b)	杆件或管线的长度,在单线图上可直接将尺寸数字沿杆件或管线一侧标注

计算机绘图包含各种尺寸标注形式,应先设置标注样式,使尺寸标注快捷方便,整齐美观。

第二节　几何作图

任何图样的轮廓和细部形状都是由直线、圆弧和非圆曲线组成的,在绘制时,经常要运用一些基本的几何作图方法。

一、等分线段、正多边形及椭圆的画法

等分线段、作正多边形及椭圆的四心圆近似画法见表1-7。

等分线段、作正多边形及椭圆的近似画法　　　　　　表1-7

项　　目	简单作图步骤
任意等分已知线段	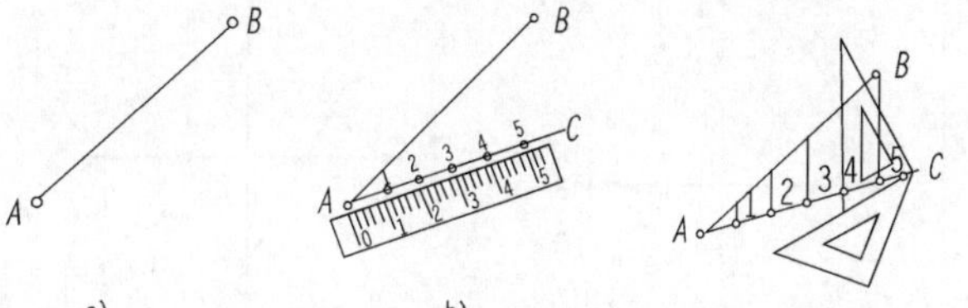 a)　　　　b)　　　　c)
任意等分两平行线间的距离	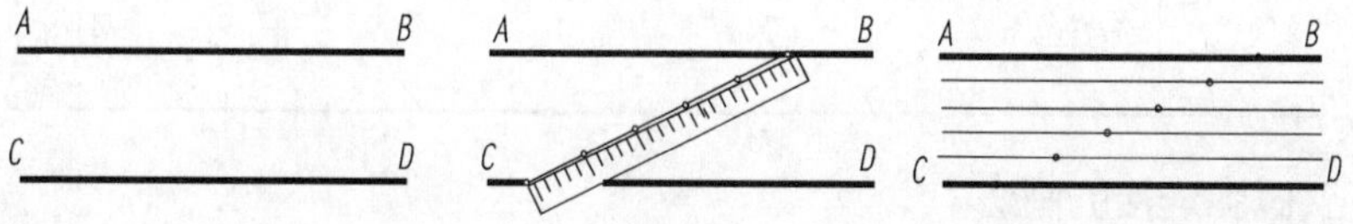 a)　　　　b)　　　　c)
作已知圆的内接正三角形	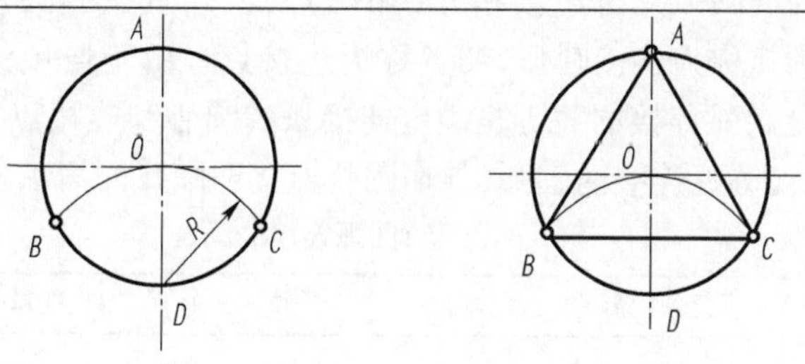 a)　　　　b)
作已知圆的内接正六边形	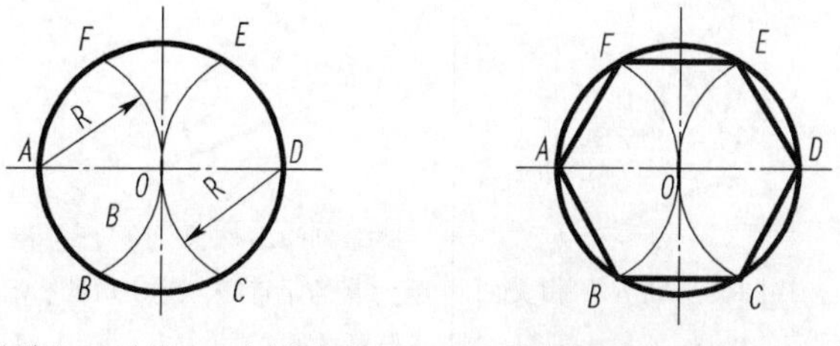 a)分别以A、D为圆心,R为半径作弧得B、F、C、E点　　　　b)依次连接点A、B、C、D、E、F、A,即得圆内接正六边形

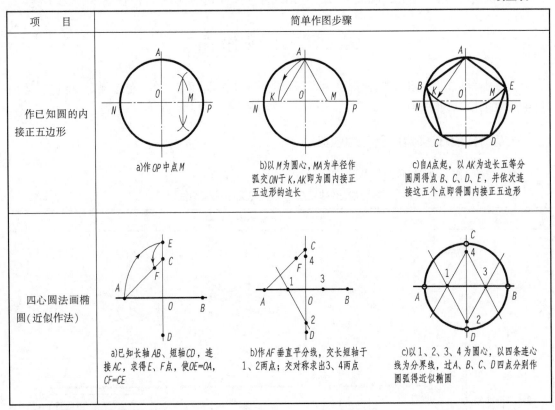

项　　目	简单作图步骤
作已知圆的内接正五边形	a)作 OP 中点 M　　b)以 M 为圆心,MA 为半径作弧交 ON 于 K,AK 即为圆内接正五边形的边长　　c)自 A 点起,以 AK 为边长五等分圆周得点 B、C、D、E,并依次连接这五个点即得圆内接正五边形
四心圆法画椭圆(近似作法)	a)已知长轴 AB、短轴 CD,连接 AC,求得 E、F 点,使 OE=OA,CF=CE　　b)作 AF 垂直平分线,交长短轴于 1、2 两点;交对称求出 3、4 两点　　c)以1、2、3、4 为圆心,以四条连心线为分界线,过 A、B、C、D 四点分别作圆弧得近似椭圆

二、圆弧连接的画法

　　用已知半径的圆弧光滑连接相邻(相切)两已知直线或圆弧的作图方法称为圆弧连接。起连接作用的圆弧称为连接圆弧,切点称为连接点。由于连接弧的半径和被连接的直线(或圆弧)已知,因此圆弧连接的关键是确定连接弧的圆心和连接点。圆弧连接两直线、圆弧连接直线和圆弧、内切圆弧连接两圆弧、外切圆弧连接两圆弧的简单作图步骤见表1-8。

圆弧连接的画法　　　　　　　　　　　　　　表1-8

项　目	已知条件	简单作图步骤
圆弧连接两直线	连接圆弧半径 R 和相交两直线 M、N	a)分别作出与 M、N 平行且相距为 R 的两直线,交点 O 即为所求圆弧的圆心　　b)过点 O 分别作 M、N 的垂线,垂足 T₁ 和 T₂ 即为切点,以 O 点为圆心,R 为半径,在切点 T₁、T₂ 之间连接圆弧即为所求

项　目	已知条件	简单作图步骤
圆弧连接直线和圆弧	已知直线 L，半径为 R_1 的圆弧和连接圆弧的半径 R	a) 作直线 $M /\!/ L$，且与 L 距离为 R，又以 O_1 为圆心、$R+R_1$ 为半径作圆弧，交直线 M 于点 O　　 b) 连接 OO_1，交已知圆弧于切点 T_1，又作 $OT_2 \perp L$，得另一切点 T_2。以 O 点为圆心，R 为半径，在切点 T_1、T_2 之间连接圆弧即为所求
内切圆弧连接两圆弧	已知半径为 R_1、R_2 的两圆弧和连接的内切圆弧半径 R	a) 以 O_1 为圆心、$|R-R_1|$ 为半径作圆弧，又以 O_2 为圆心、$|R-R_2|$ 为半径作圆弧，两弧相交于点 O　　 b) 延长 OO_1，交圆弧 O_1 于切点 T_1；延长 OO_2，交圆弧 O_2 于切点 T_2；以 O 点为圆心、R 为半径，在切点 T_1、T_2 之间连接圆弧即为所求
外切圆弧连接两圆弧	已知半径为 R_1、R_2 的两圆弧和连接的外切圆弧半径 R	a) 以 O_1 为圆心、$(R+R_1)$ 为半径作圆弧，又以 O_2 为圆心、$(R+R_2)$ 为半径作圆弧，两弧相交于点 O　　 b) 连接 OO_1，交圆弧 O_1 于切点 T_1；连接 OO_2，交圆弧 O_2 于切点 T_2；以 O 点为圆心，R 为半径，在切点 T_1、T_2 之间连接圆弧即为所求

🗒 小贴士

手工作图时，因作图误差而导致两图线不能在切点处相连时，可微量调整圆心位置或连接弧半径，使图线能在切点处相连。

第三节　绘图工具

一、手工绘图工具

1. 图板、丁字尺、三角板

（1）图板

图板是用来固定图纸的矩形木板,其板面应质地松软、光滑平整、有弹性,图板两端要平整,角边应垂直,如图 1-10 所示。图板的大小有 0 号、1 号、2 号等不同规格,可根据所画图幅的大小而选定。不画图时,应将图板竖立保管（长边在下面）,并随时注意避免碰撞或刻损板面和硬木边条。图板不能受潮或曝晒,以防变形。

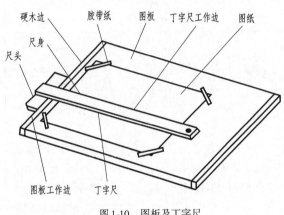

图 1-10　图板及丁字尺

（2）丁字尺

丁字尺由相互垂直的尺头和尺身构成（图 1-10 所示）。尺头与尺身的结合处必须牢固,不能松动,尺头的内侧面必须平直,尺身的工作边必须平直光滑无刻痕。将丁字尺与图板配合使用主要是用来画水平线。画水平线时,铅笔应沿着尺身工作边从左画到右,如图 1-11 所示,若水平线较多,则应由上而下逐条画出。丁字尺每次移动位置都要注意尺头是否紧靠图板,画线时应防止尺身移动。

（3）三角板

一副三角板是由 30°（即 60°）和 45°两块三角板组成。三角板与丁字尺配合使用主要是用来画垂直线和倾斜线。画垂直线时,应使丁字尺尺头紧靠图板左边硬木边条,三角板的一直角边紧靠住丁字尺的工作边,然后用左手按住丁字尺和三角板,右手握笔画线,且应靠在三角板的左边自下而上画出垂直线,如图 1-12 所示。

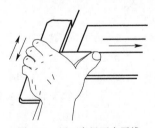

图 1-11　用丁字尺画水平线

图 1-12　用丁字尺和三角板画垂直线

用一副三角板和丁字尺配合,可画出与水平线成 15°及其倍数角（30°、45°、60°、75°）的倾斜线,如图 1-13 所示。

2. 铅笔

铅笔是用来画图或写字的,铅芯硬度用 H 和 B 标明。标号 H、2H、…、6H 表示硬铅芯,数字愈大表示铅芯愈硬,画底稿时常使用,铅笔尖应削成锥状,画出的线颜色较淡,易擦除;标号 B、2B、…、6B 表示软铅芯,数字愈大表示铅芯愈软,加深描粗时常使用,铅笔尖应削成四棱状,画出的线颜色较深;标号 HB 表示软硬适中,写字时常使用。使用铅笔绘图时,用力要均匀,画长线时要边画边转动铅笔,使线条均匀。

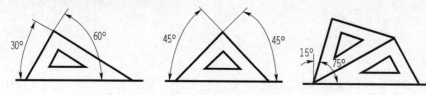

图 1-13　用三角板和丁字尺画倾斜线

小贴士

　　一般手工绘图常备铅笔三支,但由于性别不同,男性绘图时力道比女性大,一般男性除选用一支 HB 的铅笔外,还要选 2H 和 B 的铅笔各一支;女性则除选用一支 HB 的铅笔外,还要选 H 和 2B 的铅笔各一支。

　　3.圆规和分规

　　(1)圆规。

　　圆规是用来画圆或圆弧的仪器。在一腿上附有插脚,换上不同的插脚,可做不同的用途。如图 1-14 所示,其插脚有钢针插脚、铅笔插脚和墨水笔插脚三种。使用圆规时,先调整针脚,使针尖略长于铅芯,圆规铅芯宜削成斜圆柱状,并使斜面向外。

　　画圆时,先把圆规两脚分开,使铅芯与针尖的距离等于所画圆弧半径,将带针插脚轻轻插入圆心处,使带铅笔芯的插脚接触图纸,然后顺时针方向转动圆规手柄来画圆。整个圆或圆弧应一次画完,如图 1-15 所示。画较大的圆弧时,应使圆规两脚与纸面垂直。画更大的圆弧时要接上延长杆(图 1-16)。

小贴士

　　由于圆规比铅笔的着力轻,为保证图样的图线深浅一致,圆规用铅芯硬度应比所画同种直线的铅笔软一号。例如:加深描粗时用 B 号铅笔,圆规就要用 2B 铅芯。

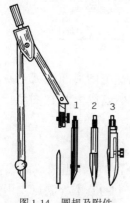

图 1-14　圆规及附件

1-钢针插脚;2-铅笔插脚;3-墨水笔插脚

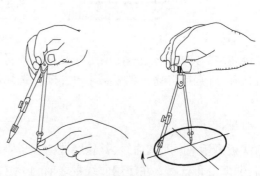

图 1-15　圆规的用法

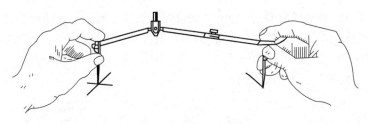

图 1-16　接上延长杆的圆规

（2）分规。

分规是用来等分线段、圆弧或量取长度的工具，如图 1-17 所示。分规的形状像圆规，但两脚都是钢针。量取长度是从直尺或比例尺上量取需要的长度，然后移动到图纸上各个相应的位置。

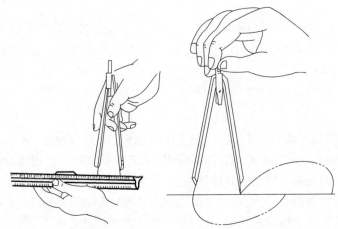

图 1-17　分规的用法

4. 比例尺

比例尺主要用来量取不同比例时的长度。比例尺一般呈三棱柱状，共有 6 种不同比例的刻度，分别为：1:100、1:200、1:300、1:400、1:500、1:600，刻度所注数字的单位为米（m），如图 1-18 所示。

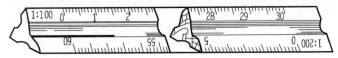

图 1-18　比例尺

值得注意的是，图形上所注的尺寸是指物体实际的大小，它与图形的比例无关。绘图时不必通过计算，可直接将物体的实际长度，按所选用的比例缩小或放大画在图纸上，如图 1-19 所示。

5. 曲线板

曲线板是用来画非圆曲线，其轮廓线由多段不同曲率半径的曲线组成。曲线板内外边缘应光滑，曲率变化自然。在使用曲线板之前，必须先定出曲线上的若干控制点。用铅笔徒手顺着各点轻轻地勾画出曲线，如图 1-20a）所示，所画曲线的曲率变化应很顺畅。然后选择曲线板上曲率相应的部分,分几次画成。每次至少应有 3 点与曲线板曲率相吻合,并应留出一小段,作为下次连接其相邻部分之用,以保持线段的顺滑,如图 1-20b)~e)。

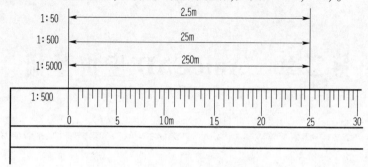

图 1-19　比例尺的用法

图 1-20　曲线板的用法

a)徒手勾画曲线;b)第一次绘制;c)第二次绘制;d)第三次绘制;e)第四次绘制

　　除以上基本绘图工具外,还有一些其他制图工具,包括:橡皮、单(双)面刀片、擦线板、绘图墨水笔、墨线笔、透明胶纸等。

二、计算机绘图工具

　　计算机绘图是应用绘图软件和图形设备实现图形显示和输出、辅助设计与绘图的一项现代技术。图形输入设备有键盘、鼠标、数字化仪、扫描仪、数码相机;输出设备有显示器、打印机、绘图仪等。

　　计算机绘图软件有很多种类,AutoCAD 以其强大的功能和易用性深受广大用户的青睐,已成为世界上使用最广泛的"二维图板"。以 AutoCAD 为基础平台,二次开发了诸多的适应行业特色的软件,本书将在第二章介绍其基本操作。

复习思考题

1.图幅代号有哪几种? 试述其尺寸规定。

2.线型规格有哪几种? 各自用途是什么?

3.工程图样的尺寸由哪几部分组成? 有哪些基本规定? 如何标注?

4.简述圆弧连接的原理。

5.手工绘图的工具有哪些? 分别有什么用途?

第二章　AutoCAD 应用基础

学习目标

1. 熟悉 AutoCAD 2008 的基本操作。

2. 掌握 AutoCAD 软件符合轨道施工要求的绘图环境的设置。

3. 熟练运用 AutoCAD 绘制平面图形并标注尺寸。

AutoCAD 软件是由美国 Autodesk 公司于 1982 年开发的计算机辅助设计软件,是图学界最流行、最普及的计算机绘图软件之一。它具有使用方便、易于掌握、应用范围广、便于二次开发的特点,特别是在平面图板方面的优势,使得它在轨道施工设计方面得到广泛的应用。本章以其经典版本 AutoCAD 2008(中文版)为例介绍该软件的基本操作方法。

第一节　AutoCAD 2008 基础知识

一、AutoCAD 2008 的工作界面

启动 AutoCAD 2008 后,即出现如图 2-1 所示的用户界面。针对不同类型绘图任务的需要,AutoCAD 2008 提供了三种工作空间:二维草图与注释、AutoCAD 经典、三维建模,可通过"工作空间"工具栏进行切换。图 2-1 所示为"二维草图与注释"工作界面,主要由顶部的标题栏和菜单栏、底部的状态栏和命令行、还有工具栏、工具面板和绘图窗口等组成。

二、AutoCAD 的命令输入方式

在绘图状态进行任何一项操作,都必须输入或选择 AutoCAD 的命令方可进行,可以采用键盘输入、工具栏、下拉菜单、快捷菜单等方式进行命令输入。

1. 键盘输入

在键盘直接输入命令词,然后按 Enter 键或空格键响应。例如在命令行区域出现"命令:"提示时,输入"line"命令,表示执行画直线命令。

2. 工具栏

单击工具栏上的图标按钮可直接选择命令,AutoCAD 2008 有 20 多个工具栏,默认状态下只显示几个常用的,用户可以根据需要调用其他工具栏。将鼠标移动到任意工具栏图标上单击右键,在弹出的快捷菜单中点击工具栏名称即可打开或关闭相应的工具栏,如图 2-2 所示。

由于这种方式比较直观,适于初学者使用。

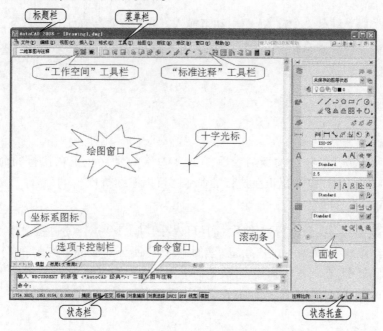

图 2-1　AutoCAD 2008"二维草绘与注释"工作界面

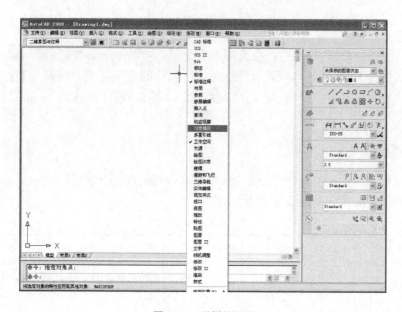

图 2-2　工具栏的调用

3. 下拉菜单

下拉菜单位于屏幕上方,由多个菜单组成。当菜单项的右边有一个实心的小三角"▶"标记时,表示该菜单有一个下一级子菜单;当菜单项的右边有"…"标记时,表示选中后将弹出一个对话框。

4. 动态输入

动态输入类似于键盘命令输入,使用动态输入方式可以直接在工作状态下,在光标后的窗口中键入命令或参数而不必在命令行中进行输入。动态输入可以通过单击状态栏中的 DYN 按钮来打开或关闭。

三、命令的输入技巧

1. 选取或结束命令

在选取了菜单或工具栏中的新命令后,AutoCAD 会自动终止正在执行的命令;若从键盘输入新命令,要先按 ESC 键终止正在执行的命令才可以继续执行。

2. 透明命令

有的命令不仅可以在命令行中使用,而且可以在其他命令执行的过程中插入执行,该命令结束后原命令继续执行,最常用的有"pan(实时平移)"命令和"zoom(实时缩放)"命令等。

带有滚轮的鼠标,在默认状态下,将滚轮向上滚可实现图样的 zoom 实时放大;将滚轮向下滚可实现图样的 zoom 实时缩小;按住滚轮可实现图样的 pan(实时平移)。

3. 重复命令

若用户想重复执行同一命令,无须重新键入命令或点击按钮,只需按 Enter 键即可重复上一条命令。

4. 命令窗口

命令窗口位于绘图窗口的下方,主要用来接受用户输入的命令和显示 AutoCAD 系统的提示信息。默认情况下,命令窗口只显示最后两行所执行的命令或提示信息。若想查看输入的命令或提示信息的完整历史记录,可以在键盘上按 F2 键,屏幕上将弹出"AutoCAD 文本窗口"对话框。

四、点的输入技巧

点的坐标输入方式常用有绝对坐标和相对坐标两种,如表 2-1 所示。绝对坐标和相对坐标又分别有直角坐标和极坐标两种表示方式。

点的坐标输入方式   表 2-1

坐标表示方式		输入格式	说　　明
绝对坐标	直角坐标	x,y	通过键盘输入点的坐标,数值间用英文的",隔开
	极坐标	$l < \alpha$	l 表示该点与原点的距离;α 表示该点与原点连线同 X 轴夹角
相对坐标	直角坐标	$@x,y$	α 指当前点相对于前一作图点的坐标增量
	极坐标	$@l < \alpha$	

相对极坐标在画一些角度明确但长度不明确的直线时特别有用。例如,画一条与水平方向成 12°的直线:

命令:_line 指定第一点:　　　　　　　　//用鼠标在屏幕上点选直线的第一个点
指定下一点或[放弃(U)]:@100 < 12 //用相对极坐标确定与水平成 12°的直线的第二点
指定下一点或[放弃(U)]:　　　　　　　　　　//按 Enter 键,画线结束

五、常用辅助绘图工具

当绘图过程中需要定位点时,最快捷的方法是直接在屏幕上拾取点。但是,用光标很难准确的定位位于对象上某一特定的点。为解决快速准确定点问题,AutoCAD 提供了一些辅助绘图工具(图 2-3),包括捕捉、栅格、正交、极轴、对象捕捉、对象追踪等。可以通过单击相应的按钮打开或关闭该功能,还可以在按钮上单击右键实现对这些工具的设置。利用这些辅助工具,能提高绘图精度,加快绘图速度。

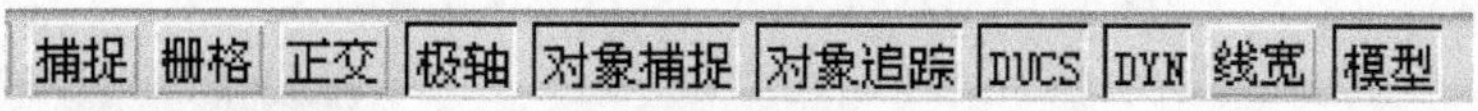

捕捉　栅格　正交　极轴　对象捕捉　对象追踪　DUCS　DYN　线宽　模型

图 2-3　辅助绘图工具

1. 正交模式

当正交功能打开时,用鼠标指定点时,总是限定为水平或垂直状态,使用户可以精确地绘制水平和铅垂的直线。在绘制水平或铅垂直线时,可先打开"正交"模式,再将绘图光标的橡皮筋导向大致方向,最后直接由键盘输入待绘直线的长度数值。这种方法比输入点的坐标的方法更简便,比用鼠标在绘图区直接单击点更准确。

2. 极轴模式

如图 2-4 所示为极轴的设置,一种是显示正交状态(水平/垂直)对象追踪路径;另一种是显示所有极轴角的追踪路径。"角增量"就是用来显示极轴追踪对齐路径的极轴角增量,它可以是任何角度,也可以是列表中提供的"90"、"45"、"30"等八种常用角度。还可以用"新建"按钮添加其他附加角。注意,"极轴"和"正交"不能同时使用。

例如,执行画线命令时选择的角增量为 30°,则每当光标移动增量达到 30°时,就会在极轴显示的虚线一侧,按极坐标的方式提示出当前位置的点相对于上一点 A 的距离和角度值,如图 2-5 所示。此方法可以很轻松地画出其他一些增量的角度,但是由于提示这些角度的虚亮线的划分是以水平或垂直象限两个方向为基础的,一些自行设定的一般角度在水平方向和垂直方向追踪到的虚线会不重合,反而会给绘图带来不便。因此对于一些特殊角度的直线用表 2-1 中的"相对极坐标的输入方法"绘制更加方便。

图 2-4　设置"极轴"模式

3. 对象捕捉

对象捕捉是将指定的点限制在现有对象的特定位置上,如端点、交点、中点、圆心等,而无需了解这些点的精确坐标值。通过对象捕捉可以确保绘图的精确性。

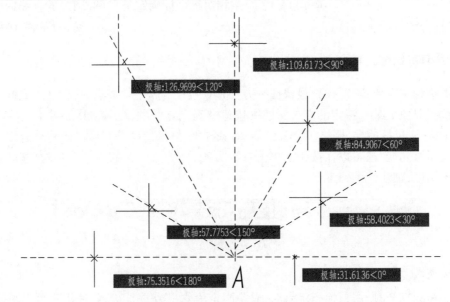

图 2-5　角增量为 30°极轴追踪画直线的效果

在绘图过程中,使用对象捕捉的频率非常高,为此 AutoCAD 提供了一种自动对象捕捉模式。自动捕捉就是当把光标放在一个对象上时,系统会自动捕捉到所有符合条件的几何特征点,并显示相应的标记。例如:图 2-6 中灰色(CAD 中显示为黄色)的正方形亮块并提示为"端点",就是自动对象捕捉到的"端点"。

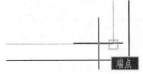

图 2-6　"端点"对象捕捉的显示效果

在"对象捕捉"按钮上单击鼠标右键并选择"设置"选项可打开"草图设置"对话框,如图 2-7 所示,在此可以设置常用的对象捕捉模式。

还可以用如图 2-2 所示的方式调用"对象捕捉"工具,"对象捕捉"工具栏如图 2-8 所示。

4. 对象追踪

使用"对象追踪"辅助工具必须同时启用"对象捕捉",执行时,当靠近指定的对象捕捉点时就会显示当前十字光标离这一点的距离和角度,并显示一条表示追踪路径的虚亮线,效果和"极轴追踪"类似,如图 2-9 所示。

5. 动态输入

使用动态输入功能可以在工具栏提示中输入坐标值,而不必在命令行中进行输入。光标旁边显示的工具栏提示信息将随着光标的移动而动态更新。当某个命令处于活动状态时,可以在工具栏提示中输入数值,通过 Tab 键可在这些值之间切换,实现更直观的绘图功能,如图 2-10所示。

动态输入主要由指针输入、标注输入和动态提示三部分组成。指针输入用于输入坐标值;

标注输入用于输入距离和角度;动态提示用于在十字光标附近显示命令提示和命令输入。用户可以在"草图设置"对话框(图2-7)的"动态输入"选项卡中对动态输入功能进行设置。

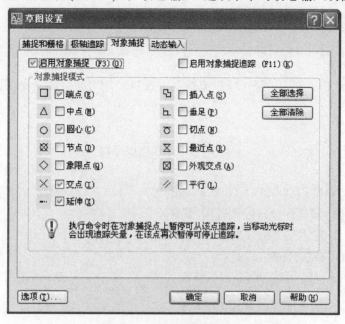

图 2-7　设置"对象捕捉"模式

图 2-8　"对象捕捉"工具栏

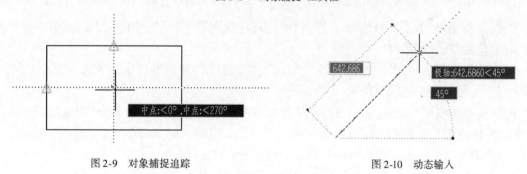

图 2-9　对象捕捉追踪　　　　　　　　　　　图 2-10　动态输入

第二节　AutoCAD 软件的绘图环境设置

《铁路工程制图标准》(TB/T 10058—1998)和《铁路工程 CAD 技术规范》(TB 10044—1998)是指导 CAD 制图开发与应用的操作性标准。在 AutoCAD 中,默认的样板图在子目录 Template 中,包括 ISO、ANSI、DIN、JIS、GB 等绘图格式的样板。通常将一些规定的标准样板文件设定为 .dwt 格式文件,可根据需要直接使用系统自带的标准样板图形;也可以自己创建所需要的样板图形。

　　适应轨道施工行业图样绘制的 AutoCAD 绘图环境主要包括:图层与图线的设置、文字样式的设置和尺寸标注样式的设置。

一、设置图层、图线

1. 设置绘图界限

单击下拉菜单"格式"→"图形界限"或输入"LIMITS"均可执行该命令,具体操作如下:

命令:limits

重新设置模型空间界限:

指定左下角点或[开(ON)/关(OFF)] < 0.0000,0.0000 > :0,0

　　　　　　　　　　　　　　　　　　　　　　　//设定 A3 图纸的左下角界限

指定右上角点 < 420.0000,297.0000 > :420,297　　　　　//设定 A3 图纸的右上角界限

zoom(缩放视窗)可显示全部绘图范围,具体有以下三种方法:

(1)单击下拉菜单"视图"→"缩放"→"全部";

(2)输入"zoom"命令,再输入"a";

(3)"缩放"工具栏中的"全部缩放( )"按钮。

2. 按照国标要求设置图样的图层

图层可以想象为没有厚度的透明薄片,可将相同属性(颜色、线型等)的实体放在同一图层上,一幅图可以分解为若干个不同的图层。将所有图层叠放在一起,即显示出完整的图形。具体操作步骤如下:

步骤一:单击下拉菜单"格式"→"图层"或"对象特征"工具栏中的" "按钮,打开"图层特性管理器"对话框,如图 2-11 所示。点击"图层特性管理器"对话框中的"新建图层( )"按钮,将新建图层名改为"01"。

步骤二:点击颜色"白"的位置,打开"选择颜色"对话框,在标准色板位置选择"红色(索引颜色号为 1 号)",如图 2-12 所示。

步骤三:点击线型"continuous",打开"选择线型"对话框(图 2-13),再单击"加载"按钮,在"加载或重载线型"对话框中,同时按 Ctrl 键,分别点击" acad _ iso02w100 (虚线)、acad _iso04w100(单点画线)、acad_iso05w100(双点画线)"等(图 2-14)。

注意:点击所需线型的同时按 Ctrl 键,可将所需全部线型一次性加载完成。

步骤四:点击线宽"默认"的位置,在弹出的"线宽"对话框的右侧拖动滑条并选择 0.18mm(图 2-15)。

其他图层的设定方法类似,在此不再赘述。

小贴士

(1)图层的打开( )/关闭( ):若灯泡颜色是黄色,表示图层是打开的;若灯泡颜色是灰色,表示图层是关闭的,这会使该图层上的图形对象全部不可见。如果对已关闭的图层进行绘图或编辑仍有效,但不显示在屏幕上,也不能被打印或绘图仪输出。

图 2-11 "图层特性管理器"的设置

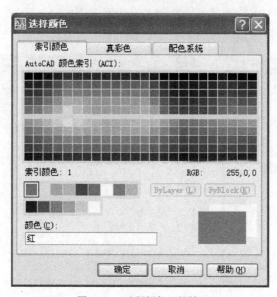

图 2-12 "选择颜色"对话框

(2)图层的解冻( )/冻结( )："太阳"图标表示图层处于解冻状态；"雪花"图标表示图层处于冻结状态,此时该图层的图形对象不能显示,也不能打印输出和编辑。在图形重新生成时,冻结图层上的对象不参加计算。

(3)图层的解锁( )/锁定( )：当处于"锁定"图标时,该图层的图形对象可见但不能被编辑修改。

（4）用户可以关闭或锁定当前层，但不能冻结当前层，也不能将冻结层改为当前层。

步骤五：非连续线型比例的调整。为了使图中一些不连续线（如点画线、虚线等）与全图显示谐调，应单击"线型管理器"（图 2-16）中"显示细节"按钮，将"全局比例因子"调大。例如：采用 1:100 比例绘制的图样，"全局比例因子"应改为"35"，其他比例以此类推。

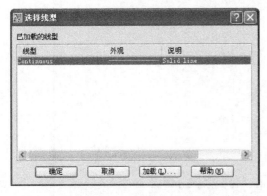

图 2-13　"选择线型"对话框

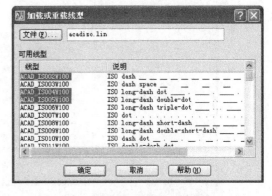

图 2-14　"加载或重载线型"对话框

注意："全局比例因子"和"当前对象缩放比例"两个选项是用于控制当前图形中非连续线型的长短缩放的，而对于连续线型是无效的。"全局比例因子"是对已生成或将生成的非连续线进行长短的缩放，原比例因子为 1。若输入值大于 1，则放大线型的长短显示，反之亦然。"全局比例因子"设为"35"，是针对较小比例 1:100 所采用的经验数据。"当前对象缩放比例"是对当前将要生成的某种非连续线进行长短的缩放。

图 2-15　"线宽"对话框

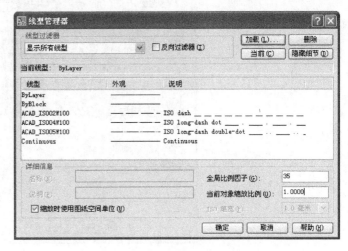

图 2-16　线型管理器

二、设置文字样式

文字是工程图中如标题栏、尺寸标注、技术要求等处的重要信息，在使用 AutoCAD 绘制工程图时，所用到的文字必须遵守工程制图规范中对字体和字高的有关规定，即设置绘制文字样式的具体做法如下：

步骤一：单击下拉菜单"格式"→"文字样式"或单击"文字"工具栏中的" 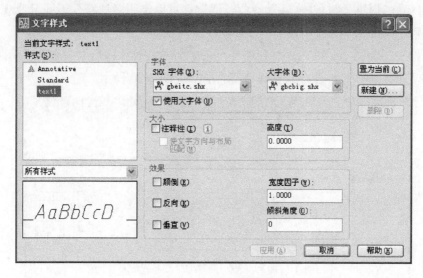 "，弹出"文字样式"对话框，如图 2-17 所示。

图 2-17　"文字样式"对话框

步骤二：单击"新建"按钮，弹出"新建文字样式"对话框，命名新的文字样式为"text1"如图 2-18 所示。同时，在图 2-17 中，单击"SHX 字体"右边的" 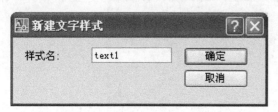 "下拉列表，拖动滑动条选择"gbeitc. shx"；勾选"使用大字体"；大字体选择"gbcbig. shx"。

"gbeitc. shx"字体的优点是既可显示中文，又可以显示字母和数字，而且字母和数字自动与垂直方向倾斜，形成 15°夹角。"isocp. shx"字体，应将"倾斜角度"设为"15"，才能使字母和数字倾斜，但此时写出的汉字也是倾斜的。若采用"仿宋_GB 2312"，汉字、字母和数字全部没有倾斜，而且相同字高情况下比以上两种字体要大一些。上述三种字体相同高度下的比较如图 2-19 所示。

图 2-18　"新建文字样式"对话框

图 2-19　gbeitc、isocp 和仿宋_GB2312 字体效果对比

设置文字样式时，字体的"高度"可保持"0.000"不修改，待输入文字时再根据需要进行修改。"gbeitc. shx"字体和"isocp. shx"字体的"宽度因子"为 1 时，高宽比自动为 3∶2，符合工程图对字体的要求，因此这两种字体的"宽度因子"不用修改。而"仿宋_GB 2312"字体不能自动设定高宽比，要将"宽度因子"设定为 0.7。在图 2-17 中还可根据需要设定"颠倒、反向、垂直"等不同的字体效果。

三、设置标注样式

AutoCAD 软件提供了"标注样式管理器",通过它可以定制多种符合不同行业规范要求的尺寸标注样式。轨道施工行业图样的尺寸标注样式设置如下:

步骤一:单击下拉菜单"格式"→"标注样式"或输入"DIMSTYLE"命令或单击"标注"工具栏中的"⟍"按钮,弹出"标注样式管理器"对话框,如图 2-20 所示。

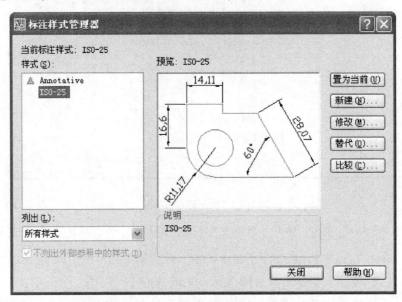

图 2-20 "标注样式管理器"对话框

步骤二:单击"新建"按钮,打开"创建新标注样式"对话框(图 2-21),将新样式名改为"dim1",单击"继续"按钮。

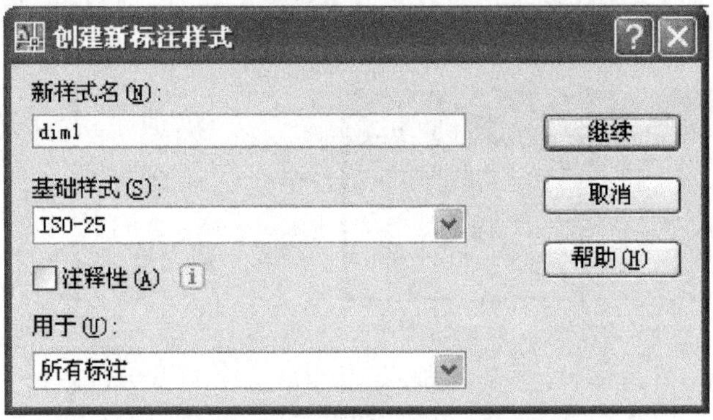

图 2-21 "创建新新标注样式"对话框

步骤三:打开"新建标注样式:dim1"对话框(图 2-22),在首先打开的"线"选项卡,将"基线间距"的值改为"7",将"超出尺寸线"的值改为"2.5",将"起点偏移量"的值改为"2"。

步骤四:再打开"符号和箭头"选项卡(图 2-23),"箭头"类型选用"建筑标记","箭头大小"的值改为"1.5","圆心标记"的值改为"1.5"。

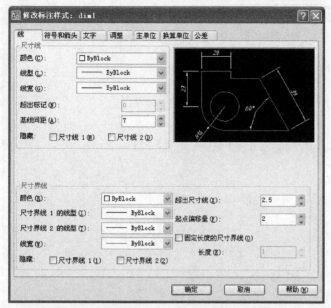

图 2-22　"新建标注样式:dim1"对话框的"线"选项卡

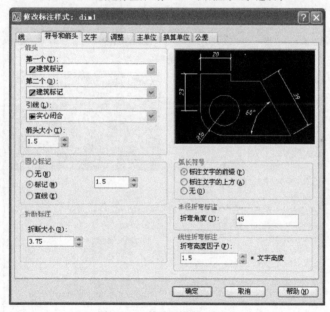

图 2-23　"符号和箭头"选项卡

步骤五:打开"文字"选项卡(图 2-24),"文字样式"选用"text1",将"文字高度"的值改为"3.5",将"从尺寸线偏移"的值改为"1"。

步骤六:当图样采用缩小比例时,相应录入的文字也应放大。例如:图样比例为 1:100 时,要打开图 2-25 中"标注样式"的"调整"选项卡,将"使用全局比例"设定为"100",使得文字作相应放大。

步骤七:打开"主单位"选项卡(图 2-26),将"精度"选为"0",将"小数分隔符"的值改为"。(句点)","单位格式"改为"度/分/秒"。

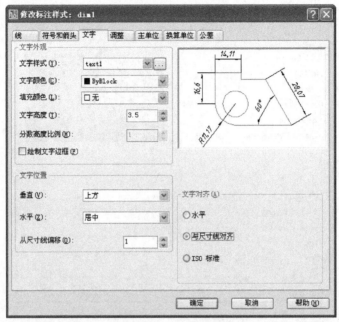

图 2-24 "文字"选项卡

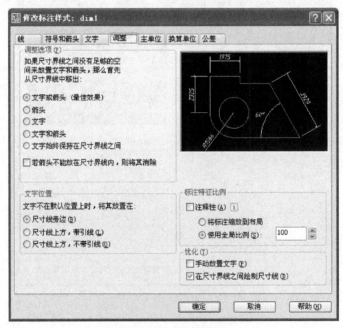

图 2-25 "调整"选项卡

步骤八："确定"后,选择"dim1"样式,再单击"置为当前"按钮。

小贴士

"测量单位比例因子"代表尺寸数字与真实长度之比。为了绘图方便,一般都是先按1:1的比例绘制图样,再用"修改"工具栏中的"缩放( )"命令根据实际需要进行缩放,最后改变

"测量单位比例因子"的数值。例如,绘图的比例为 1∶100,如果想使输入的尺寸数字是与原尺寸相符,则应将"测量单位比例因子"设定为 100(图 2-26),表示图上自动量得的 1mm 线性尺寸将显示为 100mm,恰好与原图样相符。

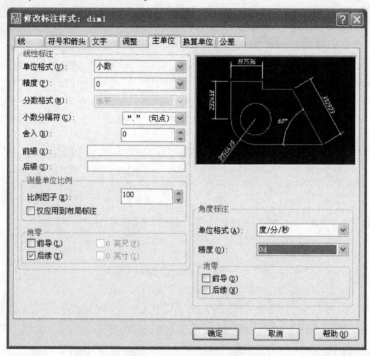

图 2-26　"主单位"选项卡

　　"标注样式管理器"对话框(图 2-20)中"新建"、"修改"、"替代"三个按钮的用途不同,但下一级的对话框的内容完全相同。"替代"是对现有的标注样式作一个临时性的替换,适用于一些极个别的、需要临时替代的特殊标注,它不会影响已应用的标注样式。例如,某图样中仅有一处使用"实心箭头"的直径标注,就需要建立一个临时的替代样式。当完成特殊标注后,单击右键可删除替代样式(图 2-27)。

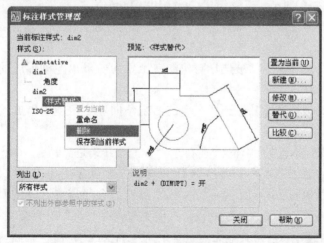

图 2-27　替代样式的删除

第三节　用 AutoCAD 绘制平面图形

绘制一个平面图形主要用到的工具条包括"绘图"和"修改",如图 2-28 所示。

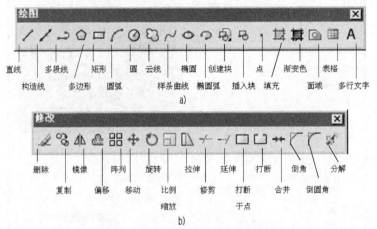

图 2-28　绘制平面图形的常用工具条
a)"绘图"工具条;b)"修改"工具条

常用的绘图工具的功能及用法如表 2-2,常用的修改工具的功能及用法如表 2-3。

在用 AutoCAD 对平面图形进行修改编辑前,应先选择对象。AutoCAD 软件对象的选择方式有很多种,可以直接用鼠标点击对象,也可以输入命令"select"选中多个对象。具体执行如下:

命令:SELECT

选择对象:?　　　　　　　　　　　　　　　　　　　　//输入"?",可看到系统所提供的选择方式

需要点或窗口(W)/上一个(L)/窗交(C)/框(BOX)/全部(ALL)/栏选(F)/圈围(WP)/圈交(CP)/编组(G)/添加(A)/删除(R)/多个(M)/前一个(P)/放弃(U)/自动(AU)/单个(SI)/子对象/对象　　　　　　　　　　　　　　　　　　//提供多种选择方式

最常见的选择方式是"点选"、"窗口(W)"和"窗交(C)"。

(1)"点选"方式即直接点击需要选择的对象,每次只能选中一个对象,系统默认的选择是叠加方式的选择。

(2)"窗口"方式是将鼠标从被选择对象的左上角向右下角拖动形成的一个实线框(框内部为青色)。

(3)"窗交"方式是将鼠标从被选择对象的右上角向左下角拖动形成的一个虚线框(框内部为绿色)。

"窗口"和"窗交"选择方式上的区别在于:"窗口"方式是当所选对象完全被包含在实线框内时才能被选中;"窗交"方式只要所选对象的部分被包含在虚线框内即可选中对象。因此,这三种选择方式的应用也有所不同。"点选"方式适合于需要选择的对象比较少的情况;"窗口"方式适合于需要选择的对象多、且与其他无需选择的对象没有交叉、重叠;"窗交"方式适合于需要选择的对象多、且与其他无需选择的对象有交叉、重叠。在较复杂的选择情况下,往往需要几种选择方式的组合使用。

表 2-2

常用的绘图工具的功能及用法

功 能	命令选择方式	简单执行过程	图 例
绘制直线	按钮:  / 菜单:绘图→直线 命令:line(或 L)	命令:line 指定第一点: 指定下一点或[放弃(U)]: 指定下一点或[闭合(C)/放弃(U)]:C	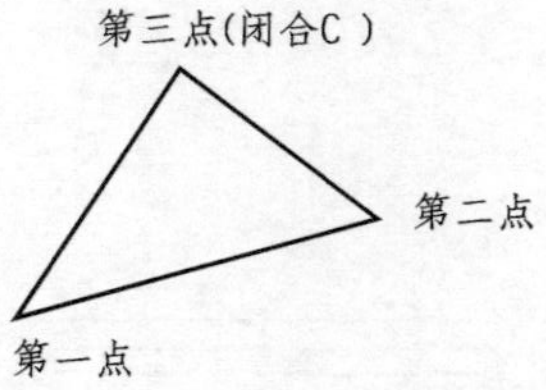 第三点(闭合C) 第二点 第一点

绘制圆	按钮:
	菜单:绘图→圆
	命令:circle(或 C)
		命令:circle
		指定圆的圆心或[三点(3P)/两点(2P)/相切、相切、半径(T)]:
		//给定圆心或输入选项
		指定圆的半径或[直径(D)]:
		//给定半径
			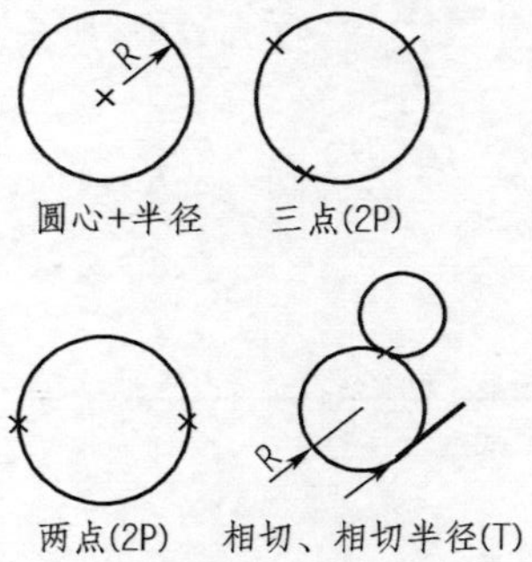 圆心+半径 三点(2P)
			相切、相切半径(T)
			两点(2P)

绘制正多边形	按钮:
	菜单:绘图→正多边形
	命令:polygon
		命令:polygon
		输入边的数目<4>:5 //给出边数5
		指定正多边形的中心点或[边(E)]: //给定圆中心点
		输入选项[内接于圆(I)/外切于圆(C)]<I>: //选择 I 或 C
		指定圆的半径: //给出半径
			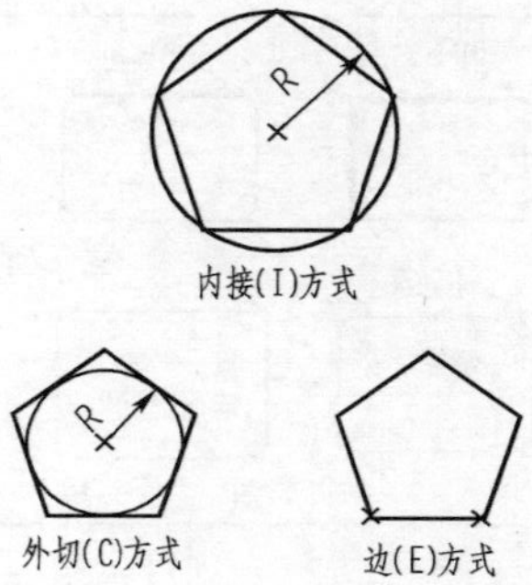 内接(I)方式
			外切(C)方式 边(E)方式

31

续上表

功 能	命令选择方式	简单执行过程	图 例

绘制矩形	按钮:□
	菜单:绘图→矩形
	命令:rectang(或 REC)
		命令:rectang
		指定第一个角点或[倒角(C)/高程(E)/圆角(F)/厚度(T)/宽度(W)]:
		　　　　　　　　　　　　　　　　//给出第一个角点
		指定另一个角点或[面积(A)/尺寸(D)/旋转(R)]:
		　　　　　　　　　　　　　　　　//给出第二个角点
			第二角点 第一角点
			圆角(F) 倒角(C)
			宽度(W)

多行文字	按钮:A 菜单:绘图→多行文字 命令:mtext(或 MT)	命令:mtext 当前文字样式:"text1" 文字高度:350 注释性:否 指定第一角点: 指定对角点或[高度(H)/对正(J)/行距(L)/旋转(R)/样式(S)/宽度(W)/栏(C)]: 　　　　　　　　　　　　　　//给出写字位置的两对角点	
绘制多线	菜单:绘图→多线 命令:mline(或 ML)	命令:mline 当前设置:对正=无,比例=20.00,样式=STANDARD 指定起点或[对正(J)/比例(S)/样式(ST)]: ST　//输入"ST",修改样式 输入多线样式设置[?]: WALL 当前设置:对正=无,比例=20.00,样式=WALL 指定起点或[对正(J)/比例(S)/样式(ST)]: S　//输入"S",修改比例 输入多线比例<20.00>: 1 当前设置:对正=无,比例=1.00,样式=WALL 指定起点或[对正(J)/比例(S)/样式(ST)]: J　//输入"J",修改对正 输入对正类型[上(T)/无(Z)/下(B)]<无>: Z　//修改对中为"无" 当前设置:对正=无,比例=1.00,样式=WALL 指定起点或[对正(J)/比例(S)/样式(ST)]:　//选定点 指定下一点: 3600　//输入线段长度	

续上表

功　能	命令选择方式	简单执行过程	图　例
绘制多段线	按钮：⮧ 菜单：绘图→多段线 命令：pline（或 PL）	命令:pline 当前线宽为 0.0000 指定起点: 指定下一个点或[圆弧（A）/半宽（H）/长度（L）/放弃（U）/宽度（W）]:w　//输入"w"，改变宽度指定起点宽度 <0.0000 >:0 指定端点宽度 <0.0000 >:0　//水平直线起点点终点 宽度均设为"0" 指定下一点或[圆弧（A）/闭合（C）/半宽（H）/长度（L）/放弃（U）/宽度（W）]:8　//直线长度为"8" 指定下一点或[圆弧（A）/闭合（C）/半宽（H）/长度（L）/放弃（U）/宽度（W）]:w 指定起点宽度 <0.0000 >:0.7 指定端点宽度 <0.7000 >:0　//箭头起点宽度为"0.7"，终点宽度为"0" 指定下一点或[圆弧（A）/闭合（C）/半宽（H）/长度（L）/放弃（U）/宽度（W）]:3　//箭头长度为"3"	→
绘制样条曲线	按钮：～ 菜单：绘图→样条曲线 命令：spline（或 SPL）	命令:SPLINE 指定第一个点或[对象（O）]: 指定下一点: 指定下一点或[闭合（C）/拟合公差（F）] <起点切向 >: 指定下一点或[闭合（C）/拟合公差（F）] <起点切向 >:　//鼠标点击第一点作为样条曲线的顶点 指定下一点或[闭合（C）/拟合公差（F）] <起点切向 >:　//鼠标点击若干点构成曲线 指定起点切向:　//按 Enter 键 指定端点切向:　//按 Enter 键	

常用的修改工具的功能及用法 表 2-3

功　能	命令选择方式	简单执行过程
删除	按钮： 菜单：修改→删除 命令：erase(或 E)	命令：ERASE 选择对象：　　　　　　　　　　　　　　　　//选对象 选择对象：　　　　//继续选对象,或按 Enter 键删除所选对象
复制	按钮： 菜单：修改→复制 命令：copy(或 CO)	命令：COPY 选择对象：　　　　　　　　　　　　　　　//构造选择集 选择对象：　　　　　　　　　　　　　　//按 Enter 键 当前设置：　复制模式＝多个 指定基点或[位移(D)/模式(O)]<位移>：　　//鼠标指定基点 指定第二个点或<使用第一个点作为位移>： 　　　　　　　　　　　　　　//指定用于定位新图形的点 指定第二个点或[退出(E)/放弃(U)]<退出>：　//按 Enter 键
镜像	按钮： 菜单：修改→镜像 命令：mirror(或 MI)	命令：MIRROR 选择对象：　　　　　　　　　　　　　　　//构造选择集 选择对象：　　　　　　　　　　　　　　//按 Enter 键 指定镜像线的第一点：　　　　　　//指定镜像线上的一点 指定镜像线的第二点：　　　　　　//指定镜像线上的另一点 要删除源对象吗？[是(Y)/否(N)]<N>：　　//按 Enter 键

偏移	按钮：
	菜单：修改→偏移
	命令：offset(或 O)
		命令：OFFSET
		当前设置：删除源＝否　图层＝源　OFFSETGAPTYPE＝0
		指定偏移距离或[通过(T)/删除(E)/图层(L)]<通过>：　5
		　　　　　　　　　　　　　　//输入偏移距离"5"
		选择要偏移的对象,或[退出(E)/放弃(U)]<退出>：　//指定对象
		指定要偏移的那一侧上的点,或[退出(E)/多个(M)/放弃(U)]<退出>：　　　　//指定点以确定在原对象的哪一侧画等距线
		选择要偏移的对象,或[退出(E)/放弃(U)]<退出>：
		　　　　　　　　　　　　　//继续进行或按 Enter 键

阵列	按钮： 菜单：修改→阵列 命令：array(或 AR)	(1)矩形阵列 选择要阵列的对象→输入阵列行数、列数→输入行间距、列间距 (2)环形阵列 选择要阵列的对象→选择阵列的中心点→阵列数目、阵列填充角度 →是否旋转阵列对象
移动	按钮： 菜单：修改→移动 命令：move(或 M)	命令：MOVE 选择对象：　　　　　　　　　　　　//选择要移动的对象 选择对象：　　　　　　　//继续选择或按按 Enter 键 指定基点或[位移(D)]<位移>：　　　　//点击选定移动基点 指定第二个点或<使用第一个点作为位移>：

续上表

功　能	命令选择方式	简单执行过程
旋转	按钮：⟳ 菜单：修改→旋转 命令：rotate(或 RO)	命令：ROTATE UCS 当前的正角方向： ANGDIR = 逆时针　ANGBASE = 0 选择对象： 　　　　　　　　　　　　　//选择要旋转的对象 找到 1 个 选择对象： 　　　　　　　　　　　　　//按 Enter 键 指定基点： 　　　　　　　　　//指定选定旋转基点 指定旋转角度,或[复制(C)/参照(R)]<0 >： 150 　　　　　　　　　　　//输入旋转角度150,逆时针
修剪	按钮：⊀⃛ 菜单：修改→修剪 命令：trim(或 TR)	命令：TRIM 当前设置：投影 = UCS,边 = 无 选择剪切边... 选择对象或 < 全部选择 >： 　　　//选定剪切边,可连续选取 选择对象： 　　　　　　　　　　//按 Enter 键结束选择 选择要修剪的对象,或按住 Shift 键选择要延伸的对象,或[栏选(F)/ 窗交(C)/投影(P)/边(E)/删除(R)/放弃(U)]： 　　　　　　　　　　　　//选择被修剪边可改变修剪模式
打断	按钮：⬚ 菜单：修改→打断 命令：break(或 BR)	命令：BREAK 选择对象： 　　　　//拾取对象,并把该处看作第一断开点 指定第二个打断点或[第一点(F)]： 　　　　　　//指定第二断开点,或输入 F 后重新指定第一断开点
圆角	按钮：⌐ 菜单：修改→圆角 命令：fillet(或 F)	命令：FILLET 当前设置：模式 = 修剪,半径 = 0.0000 选择第一个对象或[放弃(U)/多段线(P)/半径(R)/修剪(T)/多个 (M)]：r 　　　　　　　　　　　//修改圆角半径 指定圆角半径 < 0.0000 >：10 　　　//圆角半径为 10 选择第一个对象或[放弃(U)/多段线(P)/半径(R)/修剪(T)/多个 (M)]： 　　　　　　　　　　　//拾取第一个对象 选择第二个对象,或按住 Shift 键选择要应用角点的对象： 　　　　　　　　　　　　//拾取第二个对象
分解	按钮：⚒ 菜单：修改→分解 命令：explode(或 X)	命令：EXPLODE 选择对象： 　　　　　　//选择要分解的对象,可选择多个

具体"选择集"的设置可以通过下拉菜单"工具"→"选项"对话框→"选择集"选项卡来设置,如图 2-29 所示。

【例 2-1】 按 1∶1 比例绘制如图 2-30 所示的某地铁公司标志的几何图形,尺寸单位为 mm。

步骤一:设置点画线图层为当前图层,用"直线"命令先绘制图形的对称十字线,执行结果如图 2-31 所示。

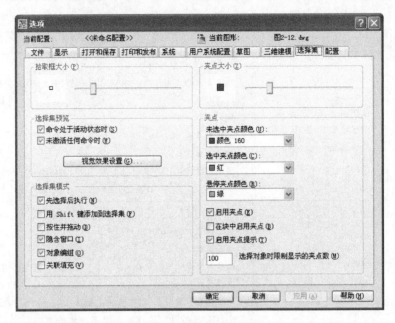

图 2-29　"选项"对话框的"选择集"选项卡

图 2-30　某地铁公司标志　　　　图 2-31　绘制对称十字线

步骤二:设置粗实图层为当前图层,以步骤一中十字线的交点为圆心,用"圆"命令画半径为 68 和 50(ϕ136 和 ϕ100)的两个同心圆,执行结果如图 2-32 所示。

步骤三:在距步骤二所绘制的 ϕ136 和 ϕ100 同心圆圆心正上方 70 处,画一个半径为 50 的圆,执行结果如图 2-33 所示。

图 2-32　绘制两个同心圆　　　　图 2-33　绘制半径为 50 的小圆

步骤四:环形阵列小圆(图 2-34),阵列中心为步骤二同心圆的圆心、选择半径为 50 的圆为对象、项目总数 5 个、填充角度 360,执行结果如图 2-35 所示。

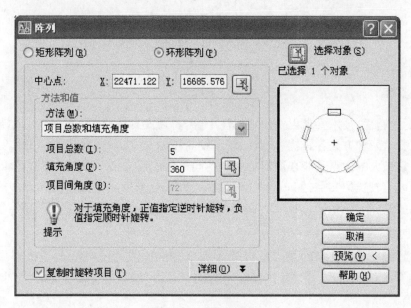

图 2-34 "阵列"对话框

步骤五:选中步骤四阵列的五个小圆,将外轮廓修剪为梅花形,执行结果如图 2-36 所示。

图 2-35 环形阵列半径为 50 的小圆

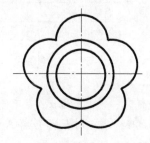

图 2-36 修剪梅花形外轮廓

步骤六:将"对象追踪"设置为 30°,再过步骤二所绘制的 $\phi136$ 的圆心,绘制一条与垂直对称线成 30°的辅助线,并镜像;再连接一条水平线,执行结果如图 2-37 所示。

步骤七:将垂直对称线向左、向右各偏移 9,并将这两条线特征改为粗实线;并将步骤六所画水平辅助线向上偏移 130,执行结果如图 2-38 所示。

步骤八:修剪图形,执行结果如图 2-39 所示。

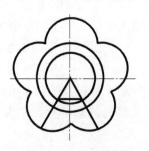

图 2-37 画三条辅助线

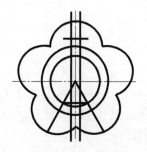

图 2-38 偏移三条直线

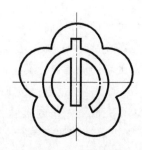

图 2-39 修剪图形

第四节　在 AutoCAD 中进行尺寸标注

一、录入文字

在图样的标题栏、技术要求以及尺寸标注中,需要录入文字。文字的录入有单行文字和多行字两种方法,这两种方法各具优、缺点。对于较简短的文字,如标题栏文字的填写可使用单行文字输入,它最大的优点是能在图形的多个不同位置放置文字而无需退出命令状态;而对于较为复杂的、内容较长的文字,如一些图纸的技术要求,应采用多行文字输入。多行文字提供了许多文字处理功能,如粗体、斜体、下划线以及对齐、旋转、堆叠和设定字高、字宽等。

1. 录入单行文字

以标题栏为例,单行文字的录入可以输入命令"dtext"或"text"执行,也可以由下拉菜单"绘图"→"文字"→"单行文字"来执行。单行文字命令执行过程如下,执行结果如图 2-40 所示。

图 2-40　"单行文字"录入标题栏的效果

命令:dtext　　　　　　　　　　　　　　　　　　　//输入"单行文字"命令

当前文字样式: "Standard"　文字高度: 2.5000　注释性: 否

指定文字的起点或[对正(J)/样式(S)]:s　　　　　　//输入"s",更改当前文字样式

输入样式名或[?]<Standard>:text1

　　　　　　　//当前文字样式改为"text1",具体见本章第二节的文字样式设置

当前文字样式: "Standard"　文字高度: 20.0000　注释性: 否

指定文字的起点或[对正(J)/样式(S)]:j　　　　　　//输入"j",更改对正方式

输入选项[对齐(A)/调整(F)/中心(C)/中间(M)/右(R)/左上(TL)/中上(TC)/右上(TR)/左中(ML)/正中(MC)/右中(MR)/左下(BL)/中下(BC)/右下(BR)]:mc

　　　　　　　　　　　　　　　　　　　　　　　//选择"正中"方式

指定文字的中间点:　　　　　　　　　//在待输入文字的格子的正中央单击

指定高度<20.0000>:5　　　　　　　　　　//输入文字的高度为"5"

指定文字的旋转角度<0>:

　　　　　　　//直接按 Enter 键,表示旋转角度为0,再由键盘输入文字内容"标记"二字

在填写完成第一格内容后,当鼠标处于"I"状态时,再在需要填写的新的格子中央处,单击鼠标,则可以继续执行单行文字的操作。

有一些格子中需要填写的文字较多,用以上方法文字会超出格子,可以在"对正"方式中选择"调整(F)"选项。

2. 录入多行文字

多行文字的录入可以输入命令"mtext"执行,也可以由下拉菜单"绘图"→"文字"→"多行文字"来执行,或者直接点击"绘图"工具栏中的"多行文字(A)"按钮。标题栏的文字也可以用"多行文字"命令录入,具体执行过程如下:

命令:_mtext 当前文字样式: "standard" 文字高度: 2.5000 注释性: 否
指定第一角点:
指定对角点或[高度(H)/对正(J)/行距(L)/旋转(R)/样式(S)/宽度(W)/栏(C)]:s
　　　　　　　　　　　　　　　　　　　//输入"s",改变文字样式为"text1"
指定对角点或[高度(H)/对正(J)/行距(L)/旋转(R)/样式(S)/宽度(W)/栏(C)]:h
指定高度<2.5000>:5　　　　　　　　　　//输入"h",改变文字高度为"5"

在绘图区单击待输入文字的格子的左上角,拖动一个与格子大小相同的矩形框,弹出如图2-41所示的"文字格式"对话框。例如:输入文字内容为"制图",单击"确定"按钮。在同一条"多行文字"命令录入的所有文字将会是一个整体,因此不能对其中的某行文字单独进行编辑。

多行文字执行"分解"命令后,多行文字可分解为单行文字。

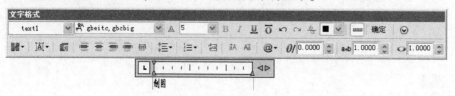

图2-41　"多行文字"录入对话框(多行文字编辑器)

在实际绘图中,往往需要书写一些特殊字符,如直径、百分率等,无法直接从键盘输入,只能输入一些控制码(也是用键盘输入一些字符来替代)来书写,如表2-4所示是常用控制码与字符的对照表。

常用控制码与字符的对照　　　　　　　　　　　　　　表2-4

字 体 库	键盘输入内容	含 义
gbeitc. shx 或 isocp. shx	％％c	圆直径符号"ϕ"
	％％p	正负符号" ±"
	％％d	度的符号"。"

在"文字格式"对话框(图2-41)的文字输入区空白处右击快捷菜单,选择"符号"子菜单,还可以书写其他的特殊字符,如图2-42所示。如果仍然没有查到需要的特殊字符,可选择"其他"选项,会弹出"字符映射表"对话框,从中选择需要的字符,单击"选择"按钮,然后单击"复制"按钮,最后右键"粘贴"到多行文字的录入框中。

3. 文字的编辑

文字的编辑可通过下拉菜单"修改"→"对象"→"文字"→"编辑"(图2-43)或者直接输入命令"ddedit"来进行。若编辑对象是多行文字,系统会打开"文字格式"对话框(图2-41),可重新设定文字的属性等;若编辑对象是单行文字,系统就会使被编辑对象处于蓝底可修改状态,此时只能增删文字的内容。单行文字给出一次编辑命令后,光标会变成一个小方块,能够连续编辑、修改多处文字对象。

若单击鼠标右键,选择"特征"选项,也可以在弹出的"特征"选项卡中编辑、修改文字,如图 2-44 所示。

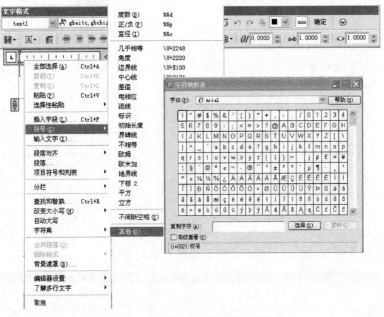

图 2-42　输入不常用的特殊字符的菜单

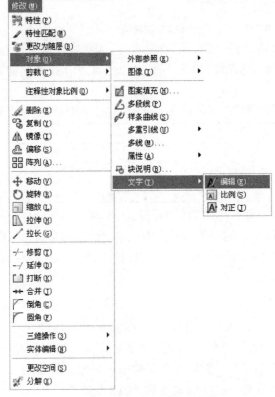

图 2-43　编辑文字的菜单

图 2-44　"特征"选项卡

二、尺寸标注

1. 尺寸标注

尺寸标注的工具条如图 2-45 所示,常用尺寸标注工具的功能及用法如表 2-5。

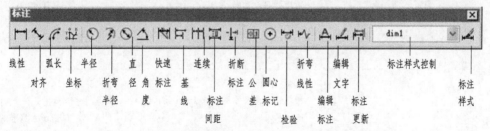

图 2-45 "标注"工具条

常用的尺寸标注工具的功能及用法 表 2-5

功能	命令选择方式	简单执行过程
线性标注	按钮: ⊢⊣ 菜单:标注→线性 命令:dimlinear(或 DLI)	命令:DIMLINEAR 指定第一条尺寸界线原点或<选择对象>: 　　　　　　　　　　　//对象捕捉指定第一条尺寸界线的起点 指定第二条尺寸界线原点: 　//指定第二条尺寸界线的起点 指定尺寸线位置或[多行文字(M)/文字(T)/角度(A)/水平(H)/垂直(V)/旋转(R)]: 　　　　　//指定尺寸线标注的位置
对齐标注	按钮: ↖ 菜单:标注→对齐 命令:dimaligned(或 DAL)	命令:DIMALIGNED 　　　　//尺寸线与被标注线段平行 指定第一条尺寸界线原点或<选择对象>: 　//指定第一点 指定第二条尺寸界线原点: 　　　　　//指定第二点 指定尺寸线位置或[多行文字(M)/文字(T)/角度(A)]: 　　　　　　　　　　　　　//指定尺寸线标注的位置
半径标注	按钮: ⊘ 菜单:标注→半径 命令:dimradius(或 DRA)	命令:DIMRADIUS 选择圆弧或圆: 　//选择圆弧,对圆及大于半圆的圆弧应标注直径 标注文字 = 20 指定尺寸线位置或[多行文字(M)/文字(T)/角度(A)]: 　　　　　　　//确定尺寸线的位置,尺寸线总是指向或通过圆心

直径标注	按钮: ⊘
	菜单:标注→直径
	命令:dimdiameter(或 DDI)
		命令:DIMDIAMETER
		选择圆弧或圆: 　　　　//选择要标注直径的圆或圆弧
		标注文字 = 20
		指定尺寸线位置或[多行文字(M)/文字(T)/角度(A)]:T
		　　　　　　　//输入选项 T,修改的自动测量的尺寸
		输入标注文字<20>:6×< > 　　//"< >"表示自动测量值
		指定尺寸线位置或[多行文字(M)/文字(T)/角度(A)]:
		　　　　　　　　　//确定尺寸线标注的位置

功能	命令选择方式	简单执行过程

角度标注	按钮:
	菜单:标注→角度
	命令:dimangular(或 DAN)
		命令:DIMANGULAR
		选择圆弧、圆、直线或<指定顶点>:　　　　　//选择角的第一条边
		选择第二条直线:　　　　　　　　　　　　　//选择角的第二条边
		指定标注弧线位置或[多行文字(M)/文字(T)/角度(A)/象限点(Q)]:
		　　　　　　　　　　　　　　　　　　　//确定尺寸弧标注的位置
		标注文字 = 53

基线标注	按钮:
	菜单:标注→基线
	命令:dimbaseline(或 DBA
		命令:DIMBASELINE
		指定第二条尺寸界线原点或[放弃(U)/选择(S)]<选择>:
		选择基准标注:　　　　　　　　　　　　　//单击作为基准的尺寸
		指定第二条尺寸界线原点或[放弃(U)/选择(S)]<选择>:
		　　　　　　　　　　　　　　　　　//指定新的尺寸界线的位置
		标注文字 = 60
		指定第二条尺寸界线原点或[放弃(U)/选择(S)]<选择>:
		　　　　　　　　　　　　　　　　　//确定尺寸线标注的位置
		标注文字 = 90
		指定第二条尺寸界线原点或[放弃(U)/选择(S)]<选择>://按 Enter 键

连续标注	按钮:
	菜单:标注→连续
	命令:dimcontinue(或 DCO)
		命令:DIMCONTINUE
		指定第二条尺寸界线原点或[放弃(U)/选择(S)]<选择>:
		　　　　　　　　　　　　　　　//单击作为连续标注的尺寸
		选择连续标注:　　　　　　　　　　//指定新的尺寸界线的位置
		指定第二条尺寸界线原点或[放弃(U)/选择(S)]<选择>:
		　　　　　　　　　　　　　　　　　//确定尺寸线标注的位置
		标注文字 = 30
		指定第二条尺寸界线原点或[放弃(U)/选择(S)]<选择>://按 Enter 键

【例2-2】 标注图2-29的平面图形尺寸。

步骤一:按本章第二节的要求建立两个尺寸标注样式:"dim1"采用"建筑标记"箭头,"dim2"采用"实心闭合"箭头。

步骤二:设置细实线图层为当前图层,以"dim1"样式为当前样式,用线性标注尺寸"130"和"70",执行结果如图2-46所示。

步骤三:以"dim2"样式为当前样式,用直径标注尺寸"$\phi136$"和"$\phi100$",执行结果如图2-47所示。

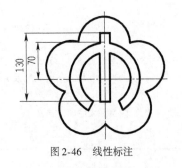

图2-46　线性标注

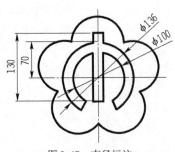

图2-47　直径标注

步骤四:以"dim2"样式为当前样式,用半径标注尺寸"*R*50",执行结果如图 2-48 所示。

步骤五:以"dim2"样式为当前样式,用角度标注尺寸"60°",执行结果如图 2-49 所示。

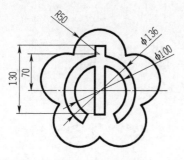

图 2-48　半径标注

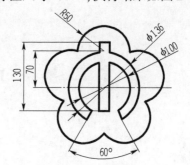

图 2-49　角度标注

2. 编辑尺寸标注

对已标注的尺寸可进行倾斜、旋转等操作,可通过下拉菜单"标注"→"倾斜"或者直接输入命令"dimedit"或"标注"工具栏的"编辑标注

(　)"按钮来实现,这种修改对一些需要倾斜标注的标注特别有用。具体执行过程如下,执行结果如图 2-50 所示:

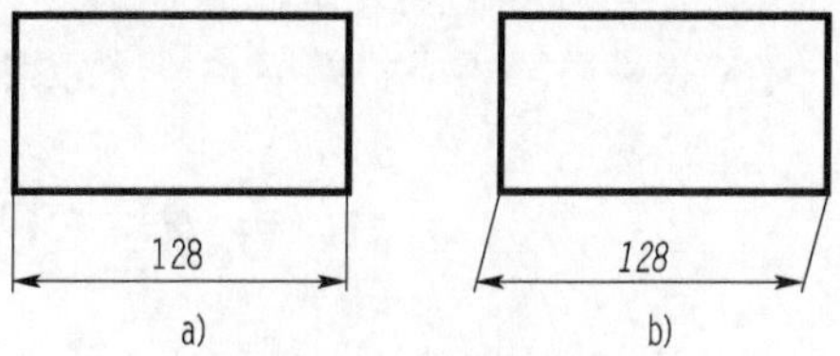

命令:dimedit

输入标注编辑类型[默认(H)/新建(N)/旋转(R)/倾斜(O)]<默认>:O

选择对象:找到 1 个

输入倾斜角度(按 ENTER 表示无):75

图 2-50　尺寸标注的编辑

a)未倾斜;b)倾斜 75°

//输入"O",将标注倾斜

//单击选中待编辑的标注

//与水平方向倾斜 75°

3. 编辑尺寸标注的文字

对已标注的尺寸还可以对标注文字的内容和位置进行修改,主要有以下方法:

(1)用"ddedit"命令可直接在"文字格式"(如图 2-41)里对标注文字进行编辑;

(2)选中待编辑的尺寸后,单击鼠标右键,选择快捷菜单中的"特征",也可以在"特征"选项卡(图 2-44)中修改标注文字的内容;

(3)可通过输入命令"dimtedit"或"标注"工具栏的"编辑标注文字(　)"按钮,拖动鼠标左键即可改变标注文字的位置;

(4)选中待编辑的尺寸后,单击鼠标左键,当出现夹点时,单击文字夹点,利用夹点操作将文字拖动到合适的位置。

复习思考题

1. 点的坐标输入主要有哪几种格式? 分别写出其格式。

2. 总结符合轨道施工绘图技术规范要求的文字样式和标注样式设置的主要参数值。

3. 修剪命令与打断命令有什么区别?

4. 若仅修改尺寸标注的尺寸数字有哪几种方法?

第三章　投　影　基　础

学习目标

1. 了解工程制图常采用投影方法及三面投影图的形成。
2. 掌握点的投影规律及重影点可见性的判别。
3. 掌握直线的投影规律。
4. 掌握平面的投影规律。

第一节　投影的基本知识

在阳光或灯光的照射下,地面或墙面会出现人、树以及各种建筑物的影子,这就是投影现象。如图 3-1 所示,在光源 S 与桌面 P 之间放一块三角板,则在桌面上会出现三角板的影子。这种用光线照射物体,在预设的面上绘制出被投射物体图形的方法,叫做投影法。投下影子的光线叫做投射线,获得投影的平面叫做投影面,投影面上得到的物体图形叫做该物体的投影。

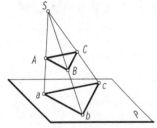

图 3-1　投影示意

投射线(投影线)——投下影子的光线,图 3-1 中的 SA、SB、SC。

投影面——获得投影的平面。图 3-1 中的平面 P。

投影——通过投射线将物体投射到投影面上所得到的图形。图 3-1 中投影线与投影面 P 的交点 a、b、c 即为 A、B、C 三点的投影。

投影法分为中心投影法与平行投影法;工程上常采用的投影方法有正投影法、轴测投影法及透射投影法等。工程图样主要是用正投影法绘制的,本书中除特别说明外,提到的投影均指正投影。正投影法是本课程学习的主要内容。

一、中心投影

投影线在有限远处相交于一点(投影中心 S)的投影法称为中心投影法。所得投影称为中心投影,如图 3-1 所示。

工程上所采用的透视投影即是用中心投影法将物体投射在单一投影面上所得到的具有立体感的图形。根据画面对物体的长、宽、高三组主方向棱线的相对关系(平行、垂直或倾斜),主要应用于绘制建筑物富有逼真感的立体图,也称透视图。

二、平行投影

投影中心移至无穷远处,投影线都互相平行的投影法,称为平行投影法。所得投影称为平行投影,如图 3-2 所示。

在平行投影法中,根据投影线是否与投影面垂直,又分为斜投影和正投影两种:

(1)斜投影:投射线相互平行且与投影面倾斜,如图 3-2a);

(2)正投影:投射线相互平行且与投影面垂直,如图 3-2b)。

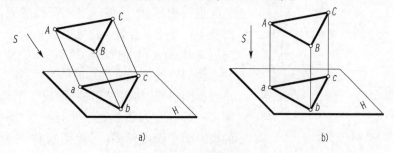

图 3-2 平行投影法

a)斜投影法;b)正投影法

工程上采用的轴侧投影,是将物体连同其参考直角坐标系,沿不平行于任一坐标面的方向,用平行投影法将其投射在单一投影面上所得的具有立体感的图形,如图 3-3 所示。

三视图是应用最广泛的正投影,它能准确地表达出物体的形状结构,而且度量性好,但它立体感差,因此需要用两个或两个以上的视图才能把物体的形状表达清楚,如图 3-4 所示。在常见桥梁工程图的纵断面图、横断面图、平面布置图等均采用正投影法。

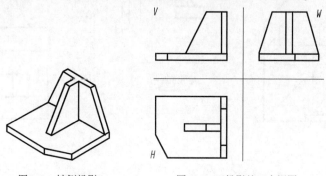

图 3-3 轴侧投影　　　　图 3-4 正投影的三个视图

高程投影也是工程常用的投影方法,它是采用地面等高线的水平投影,并在上面标注出高度的图示法。如图 3-5 所示。

三、三面投影图的形成

空间里,工程图表达一个物体的基本形状至少需要三个投影,这三个互相垂直的投影面就形成了三投影面体系,如图 3-6a)所示。三投影面体系中,正立位置的面称为正立投影面(简称正面,用 V 表示);水平位置的面称为水平投影面(简称水平面,用 H 表示);侧立位置的面称为侧立投影面(简称侧面,用 W 表示)。

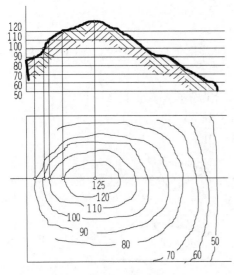

图 3-5　高程投影

三投影面的交线称为投影轴:V 面与 H 面的交线是 OX 轴,表示长度方向;H 面与 W 面的交线是 OY 轴,表示宽度方向;H 面与 W 面的交线是 OZ 轴,表示高度方向。三投影轴的交点称为原点 O。

我国制图标准规定,正投影采用第一角画法,即将物体置于第一分角内。下文介绍中,如无特别说明,均采用第一角画法。即物体处于观察者与投影面之间进行投影,然后按规定展开投影面:V 面不动,H 面绕 OX 轴向下旋转 90°与 V 面重合,W 面绕 OZ 轴向后旋转 90°与 V 面重合,如图 3-6b)所示。

将形体放置在三投影面体系中,按正投影法向各个投影面投影,移去投影轴,形成了形体的三面投影图,即三视图,如图 3-6c)所示。在工程图中称 V 面的投影为正面投影图(主视图),称 H 面的投影为水平投影图(俯视图),称 W 面的投影为侧面投影图(左视图)。各视图之间的配置关系以正面投影图为基准,水平投影图在正面投影图的下方;侧面投影图在正面投影图的右方。正面投影图反映物体的上、下、左、右位置关系,水平投影图反映物体的前、后、左、右位置关系。侧面投影图反映物体的上、下、前、后位置关系。根据以上位置关系,可以由各投影图分析出物体各部分的空间位置,增强对物体的空间想象能力。

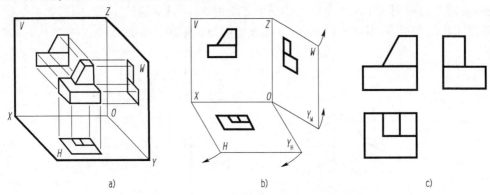

a)　　　　　　　　　　b)　　　　　　　　　　c)

图 3-6　三投影面体系
a)形体的三面投影;b)三投影面的展开;c)三面投影图

四、三面投影图的投影规律

三面投影图的每个投影图反映物体两个方向的尺寸:正面投影图反映物体的长度和高度;水平投影图反映物体的长度和宽度;侧面投影图反映物体的宽度和高度。在分析了三面投影图的投影过程后,可以总结出三面投影图的投影规律:正投影图与水平投影图长对正、正面投影图与侧面投影图高平齐;水平投影图与侧面投影图宽相等,这就是三面投影图的"三等关系"。

三面投影图的"三等关系"与位置关系,在绘图、识读图样时都须严格遵守。

第二节　点、直线、平面的投影

点、线、面是构成最基本的几何元素,分析这些几何元素的投影特性及投影规律,是掌握复杂形体投影规律的基础。

一、点的投影

1.点的投影规律与坐标关系

图 3-7a)的三投影面体系中,空间有一点 A,分别向三个投影面投影。点的投影依然是点:a' 是 A 点的正面投影;a 是 A 点的水平投影;a'' 是 A 点的侧面投影。移去空间点 A,将三投影面平摊在一个平面上,得到点 A 的三面投影,如图 3-7b)所示。

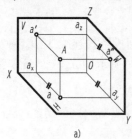
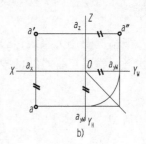

图 3-7　点的投影
a)直观图;b)投影图

由图 3-7b)可知,点的投影连线垂直于投影轴,即:$aa' \perp OX$,$a'a'' \perp OZ$;投影点到投影轴之间的距离等于空间点到另一个投影面之间的距离,即:$aa_x = a''a_z$。若把三个投影面当作空间直角坐标面,投影轴当作直角坐标轴,则点 A 的空间位置可用其 $A(X、Y、Z)$ 三个坐标来确定,点的投影就反映了点的坐标值,其投影与坐标值之间存在着对应关系。点的三面投影与直角坐标的关系如下:

$X_A = aa_y = a'a_z = a_x O = Aa''$,是空间点 A 到 W 面的距离。

$Y_A = aa_x = a''a_z = a_y O = Aa'$,是空间点 A 到 V 面的距离。

$Z_A = a'a_x = a''a_y = a_z O = Aa$,是空间点 A 到 H 面的距离。

简言之,点的投影符合"长对正、高平齐、宽相等"的投影规律。

2.两点的相对位置

(1)一般情况。空间两个点具有前后、左右、上下位置关系。例如图 3-8a)中,C 点位于 B 点的上面、前面、右面。

(2)特殊情况。当空间两点的某两个坐标相同,即位于同一条垂直于某投影面的投射线上时,则这两点在该投影面上的投影重合,这两点称为对该投影面的重影点。被遮住的那点投影要加圆括号。

如图 3-8 所示,A 点和 B 点在 H 面上投影重合,A 点和 B 点是对 H 面的重影点。在 V 面和 W 面中,A 点位于 B 点的上方,B 点不可见。因此在 H 面投影中,b 点要加圆括号,表示为 $a(b)$,如图 3-8b)所示。

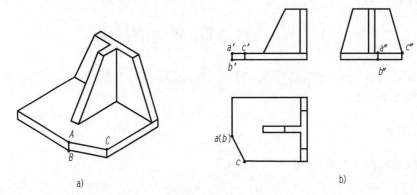

图 3-8　点的相对位置

a)直观图;b)投影图

二、直线的投影

直线的投影一般情况下仍为直线,是任意两点同面投影的连线。两点确定一条直线,确定了直线上两点的投影也就确定了直线的投影。图 3-9a)所示即 ab、$a'b'$、$a''b''$为直线 AB 的三面投影。

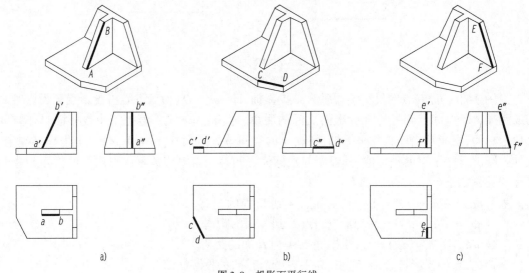

图 3-9　投影面平行线

a)正平线;b)水平线;c)侧平线

在三投影面体系中,直线相对投影面有三种不同位置,因而分为三类:投影面平行线,投影面垂直线、一般位置直线。

(1)投影面平行线,是指与一个投影面平行,而与另两个投影面倾斜的直线。可分为正平线、水平线、侧平线。

正平线——与 V 面平行,与 H 面、W 面倾斜的直线。如图 3-9a)图中直线 AB。

水平线——与 H 面平行,与 V 面、W 面倾斜的直线。如图 3-9b)图中直线 CD。

侧平线——与 W 面平行,与 H 面、V 面倾斜的直线。如图 3-9c)图中直线 EF。

由图 3-9 中直线 AB、CD、EF 的三面投影可知,投影面平行线的投影特征如下:

①在所平行的投影面上的投影反映了直线的真实长度,以及对另两个投影面的真实倾角。如图 3-9a)中 $a'b'$、图 3-9b)中 cd、图 3-9c)中 $e''f''$ 反映的分别是直线 AB、CD、EF 的实长。

②另外两面投影均小于真实长度,且分别平行于决定它所平行的投影面的两轴。如图 3-9a)中 ab、$a''b''$ 长度小于 AB 实长,且 $ab/\!/OX$ 轴,$a''b''/\!/OZ$ 轴。

(2)投影面垂直线,是指与一个投影面垂直,而与另两个投影面平行的直线。可分为正垂线、铅垂线、侧垂线。

正垂线——与 V 面垂直,与 H 面、W 面平行的直线。如图 3-10a)中的直线 AB。

铅垂线——与 H 面垂直,与 V 面、W 面平行的直线。如图 3-10b)中的直线 CD。

侧垂线——与 W 面垂直,与 H 面、V 面倾斜的直线。如图 3-10c)中的直线 EF。

由图 3-10 中直线 AB、CD、EF 的三面投影可知,投影面垂直线的投影特征如下:

①在所垂直的投影面上的投影积聚为一点。如图 3-10a)中 $a'(b')$、图 3-10b)中 $c(d)$、图 3-10c)中 $e''(f'')$ 分别是直线 AB、CD、EF 积聚为一点。

②在另两个投影面均反映真实长度,且分别垂直于决定它所垂直的投影面的两投影轴。如图 3-10a)中 ab、$a''b''$ 长度等于 AB 实长,且 $ab\perp OX$ 轴,$a''b''\perp/\!/OZ$ 轴。

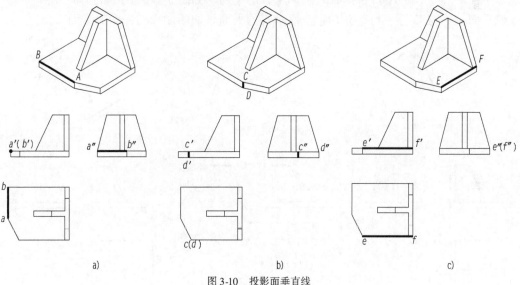

图 3-10　投影面垂直线

a)正垂线;b)铅垂线;c)侧垂线

(3)一般位置直线。与三个投影面都倾斜的直线就是一般位置直线,如图 3-11a)、b)所示。一般位置直线的投影特征如下:

①各面投影均小于真实长度,且与投影轴倾斜。

②各面投影均不反映对各投影面的真实倾角。

三、平面的投影

1. 特殊投影面

(1)投影面平行面,是指与一个投影面平行,而与另两个投影面垂直的平面。可分为正平面、水平面、侧平面。

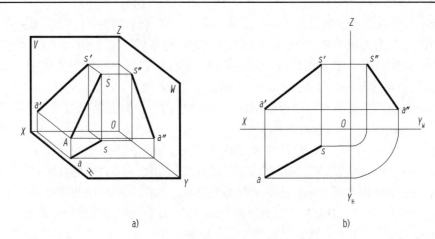

图 3-11 一般位置直线的投影

a) 直观图;b) 投影图

正平面——与 V 面平行,与 H 面、W 面垂直的平面。如图 3-12a) 图中的平面 A。

水平面——与 H 面平行,与 V 面、W 面垂直的平面。如图 3-12b) 图中的平面 B。

侧平面——与 W 面平行,与 H 面、V 面垂直的平面。如图 3-12c) 图中的平面 C。

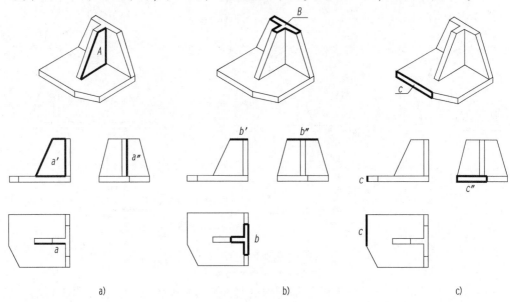

图 3-12 投影面平行面

a) 正平面;b) 水平面;c) 侧平面

由图 3-12 中平面 A、B、C 的三面投影可知,投影面平行面的投影特征如下:

①在所平行的投影面上的投影反映了平面的真实形状。如图 3-12a) 中 a'、图 3-12b) 中 b、图 3-12c) 中 c'' 反映的是分别是平面 A、B、C 的实形。

②另外两个投影均积聚为一条直线,且分别平行于它所平行的投影面的两轴。如图 3-12a) 中平面 a 和 a'' 分别积聚成一条直线,且 $a /\!/ OX$ 轴,$a'' /\!/ OZ$ 轴。

(2)投影面垂直面,是指与一个投影面垂直,而与另两个投影面倾斜的平面。可分为正垂面、铅垂面、侧垂面。

正垂面——与 V 面垂直,与 H 面、W 面倾斜的平面。如图 3-13a)图中平面 A。

铅垂面——与 H 面垂直,与 V 面、W 面倾斜的平面。如图 3-13b)图中平面 B。

侧垂面——与 W 面垂直,与 H 面、V 面倾斜的平面。如图 3-13c)图中平面 C。

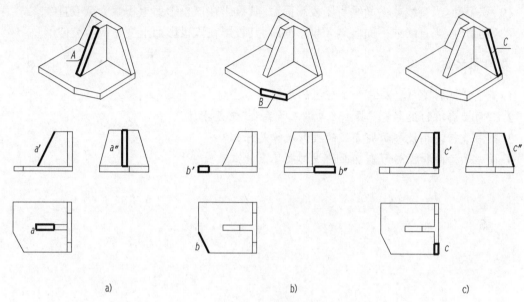

图 3-13 投影面垂直面
a)正垂面;b)铅垂面;c)侧垂面

由图 3-13 中平面 A、B、C 的三面投影可知,投影面垂直面的投影特征如下:

①在所垂直的投影面上的投影积聚成一条直线。如图 3-13a)中 a'、图 3-13b)中 b、图 3-13c)中 c'' 分别是平面 A、B、C 积聚成的直线。

②另外两个投影均为小于真实形状的类似图形。如图 3-13a)中平面 a'' 仍是平面 A 的类似形。

2.一般位置平面

与三投影面均倾斜的平面就是一般位置平面,一般位置平面的投影特征是:其三面投影都具有类似性,如图 3-14 所示 $\triangle ABC$。

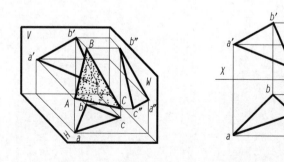

图 3-14 一般位置平面的投影

四、正投影法的投影规律

当投影方向和投影面确定后,空间物体的正投影将是唯一的。具有以下投影规律:

(1)实形性:当直线或平面平行于投影面时,其投影在该投影面上反映实长或实形。

(2)积聚性:当直线或平面垂直于投影面时,其投影在该投影面上积聚为点或直线。

(3)类似性:当直线或平面倾斜于投影面时,其投影在该投影面上变短或为类似形。

复习思考题

1. 简述常见的投影法及其在工程上的应用。

2. 三面投影图的投影规律是什么?"三等关系"又是指什么?

3. 投影平行线和投影面垂直线的投影规律是什么?

4. 投影平行面和投影面垂直面的投影规律是什么?

第四章 立体的投影

学习目标
1. 了解简单立体的投影特征和作图要领。
2. 掌握立体表面取点的作图方法。
3. 掌握截交线的形状特征分析和作图方法。
4. 掌握相贯线的形状特征分析和作图方法。
5. 掌握组合体投影图的绘制和识读。

第一节 基本体的投影

任何形体及构件,无论形状复杂程度如何,都可以看作由一些简单的几何形状组成。这些最简单、具有一定规则的几何体称为基本体。按照基本体的表面性质,可以分为平面立体和曲面立体两大类。平面立体是各个表面均为平面的,如棱柱、棱锥等;曲面立体是表面为曲面或平面和曲面的,如圆柱、圆锥、圆球等。

一、平面立体的投影

平面立体的投影就是围成它的表面的所有平面图形的投影。平面立体是由平面多边形所围成,这些平面称为棱面;各棱面的交线和交点,称为棱线和顶点。常见的平面立体有棱柱和棱锥(包括棱台)。

1. 棱柱

(1)棱柱的三面投影。

图 4-1a)为正五棱柱三面投影的立体图。为了清晰地表达棱柱的特征形状和绘图方便,使五棱柱的两底面平行于水平面,棱面 AA_1B_1B 平行于正面。

由图 4-1b)可知,五棱柱的顶面和底面的水平投影重合,且都是反映实形的正五边形。五棱柱的五个棱面为正垂面,水平投影具有积聚性,积聚成的正五边形的五条棱边。

五棱柱的顶面和底面是水平面,正面投影和侧面投影都积聚成两条直线。棱面 AA_1B_1B // 正面,正面投影 $a'a_1'b_1'b'$ 反映实形。棱面 AA_1E_1E 和 BB_1C_1C 是正垂面,正面投影为左右两个矩形。在正投影面上,五棱柱后面的三棱面与前面的三个棱面的投影重合。棱线 DD_1 被前面的棱面遮住,不可见,正面投影中表示成虚线 (d')、(d_1')。

侧面投影中,棱面 AA_1B_1B 的积聚成直线 $a''a_1''b_1''b''$,顶面和底面积聚成上、下两段直线。

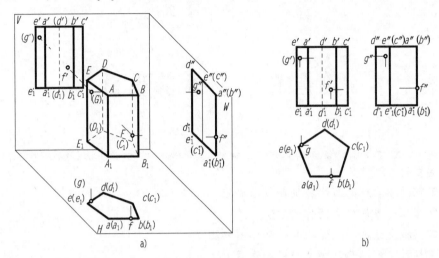

图 4-1　五棱柱的投影
a)立体图;b)投影图

(2)棱柱面上的点。

在五棱柱前棱面 AA_1B_1B 上有 F 点,在后棱面 EE_1D_1D 上有 G 点。在正面投影中,f' 在前棱面上为可见,(g') 在左后棱面上为不可见。在侧面投影中,g'' 位于左后的棱面上为可见,f'' 在棱面的积聚性投影上。

 小贴士

用 AutoCAD 绘制形体表面求点之前,应先从下拉菜单:格式→点样式,在打开的"点样式"对话框中,选择点的样式为"　○　",并根据图形大小设置合适的"点大小"。

2. 棱锥

(1)棱锥的三面投影。

图 4-2a)为三棱锥的三面投影的立体图。底面 ABC 为平行于水平面,其余三个棱面都倾斜于三个投影面。

图 4-2b)为三棱锥的三面投影图。由于底面为水平面,水平投影 abc 反映底面的实形,在正面和侧面都积聚为水平直线。三个棱面均为一般位置平面,它们的投影均为与实形类似的三角形。

(2)棱锥面上的点。

如图 4-2b)所示,面 SAB、面 SBC 都是一般位置平面,若已知 D 点和 E 点的正面投影 d' 和水平投影 e,求作其余两面投影,要用水平线法来求解。

D 点在棱面 SAB 上,过 D 点作水平线 Ⅰ、Ⅱ 的三面投影,由于 d' 点在水平线 $1'2'$ 上,其余两面投影也在直线 12 和直线 $1''2''$ 上。具体作图步骤如下:

①过 d' 作 $1'2'/\!/a'b'$,并分别交 $s'a'$ 及 $s'b'$ 于 $1'$、$2'$ 两点。

②由水平线的性质,求得线 Ⅰ、Ⅱ 的正面投影 1、2,连接 1 与 2,注意 $12/\!/ab$。从 d' 引投影

线与 12 相交,得 D 点的正面投影 d。

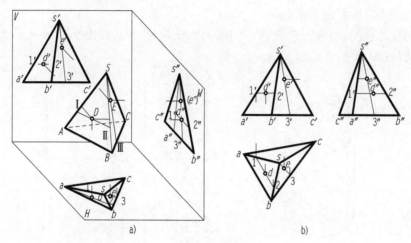

图 4-2 三棱锥的投影

a)立体图;b)投影图

③根据点的投影关系,在 $1''2''$ 上求得 D 点的侧面投影 d''。

同理,E 点在棱面 SBC 上,已知 E 点水平投影 e,也可用如下方法求得它的其他两面投影:在水平投影面上连接顶点 s 和 e 点作直线,并延长与底边 bc 交于 3 点。根据点与直线的从属关系,也求得Ⅲ点的其余两面投影 $3'$ 和 $3''$,再分别连接 $s'3'$ 和 $s''3''$。由于 e 点在 $s3$ 直线上,因此 e' 和 e'' 也在 $s'3'$ 和 $s''3''$ 两直线上。面 $s''b''c''$ 的侧面投影不可见,表示为 (e'')。

二、曲面立体的投影

由曲面或曲面与平面所围成的几何体,称为曲面立体。曲面立体的曲面是由运动的母线(直线或曲线)绕着固定的直线运动而形成的。母线在曲面上的任一位置称素线。常见的曲面立体有圆柱体、圆锥体、球体等。

1. 圆柱体

（1）圆柱的投影。

圆柱面是由直母线 AA_1 绕与母线平行的轴 OO_1 旋转一周而形成的,如图 4-3a)所示。

当圆柱的轴线垂直于水平面时,它的三面投影如图 4-3b)所示。其水平投影为一圆,该圆是圆柱面上的所有点和直线的积聚投影。圆柱的正面投影和侧面投影都是矩形,是由圆柱上下底面的积聚和圆柱的轮廓素线的投影围成。正面投影的 $a'a_1'$ 和 $c'c_1'$ 是圆柱的最左素线 AA_1 和最右素线 CC_1 的投影,同时 AA_1、CC_1 又是圆柱前半部分和后半部分的分界线。同理,侧面投影的 $d''d_1''$、$b''b_1''$ 分别是圆柱的最后素线 DD_1 和最前素线 BB_1 的投影,DD_1、BB_1 又是圆柱左半部分和右半部分的分界线。轴线的三面投影均用点划线绘制。

（2）圆柱表面上取点。

在圆柱表面上取点,可利用积聚性法来求解。

图 4-4 所示,已知圆柱面上 A、B 两点的正面投影 a' 和 b',分析求作 A、B 两点的水平、侧面投影:

①由 a' 可见及 b' 不可见可知：点 A 在前半圆柱面上，而 B 点在后半圆柱面上。利用圆柱面在水平面的积聚投影可作出 a 和 b。

②由点的投影规律，可求出 A、B 两点的第三面投影 a''、b''。且由于 A、B 两点都位于圆柱的左半部分，因此 a''、b'' 都可见。

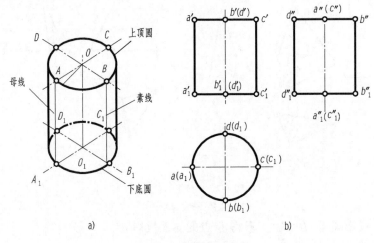

图 4-3　圆柱面的投影

a)立体图;b)投影图

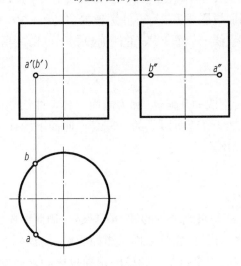

图 4-4　圆柱体表面上取点

2. 圆锥体

圆锥面是由直母线 SA 绕与它相交于 S 点的轴线 SO 旋转一周而形成的曲面。圆锥面上的素线都汇交与 S 点，圆锥面上任一点随母线运动一周的轨迹是圆，此圆称为纬圆。如图 4-5a)所示。

(1)圆锥的投影。

当正圆锥轴线垂直于水平面时，它的三面投影如图 4-5b)所示。圆锥面的水平投影为一个圆，锥面与底面的水平投影相重合；圆锥的正面投影和侧面投影都是等腰三角形，三角形的底边是圆锥底面圆的积聚投影,两条腰 $s'a'$ 和 $s'c'$ 是圆锥的最左素线 SA 和最右素线 SC 的正面投影;两条腰 $s''b''$ 和 $s''d''$ 是圆锥的最前素线 SB 和最后素线 SD 的侧面投影。

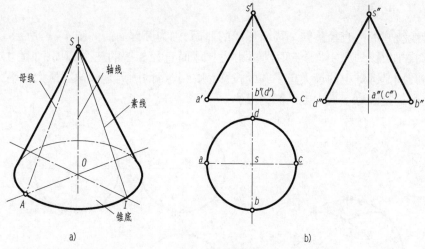

图 4-5　圆锥体
a)立体图;b)投影图

（2）圆锥体表面上取点。

如图 4-6 所示,已知圆锥体表面上的 A、B 两点的正面投影 a'、b',分析求作 A、B 的其余两面投影。在圆锥体表面上取点,可以通过辅助素线法或辅助圆法求解。以下 A 点用辅助素线法,B 点用辅助圆法来求作。

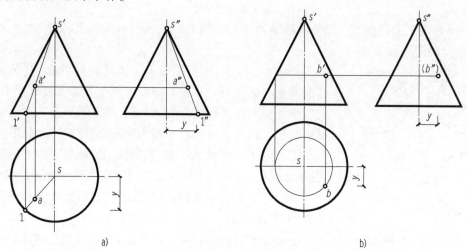

图 4-6　圆锥体表面取点
a)辅助素线法;b)辅助圆法

①过 a' 作辅助素线 $s'1'$ 的三面投影,利用点线的从属关系,求出 a、a'' 分别在素线 SI 的同名投影上。如图 4-6a)所示。

②过 b' 作一纬圆,纬圆在正、侧面的投影分别积聚为直线;在水平面上的投影则与底面是同心圆,圆心是锥顶 S 的水平投影 s,直径是纬圆在正面或侧面积聚线的长度。再求出 b、b'' 在纬圆上的同名投影。如图 4-6b)所示。

③判别可见性。点 A 在圆锥的前偏左部分,故 a、a″可见;点 B 在圆锥的前偏右部分,故 b 可见,b″不可见,表示为(b″)。

3. 圆球

圆周母线绕它的一直径旋转一周而形成的曲面,称为圆球面。如图 4-7a)所示。

(1)圆球的投影。圆球体的三面投影均为与球面直径相等的三个圆周,如图 4-7b)所示。正面投影的圆周是圆球上的最大正平圆的投影;水平投影的圆周是圆球上最大水平圆的投影;侧面投影的圆周是圆球上最大侧平圆的投影。

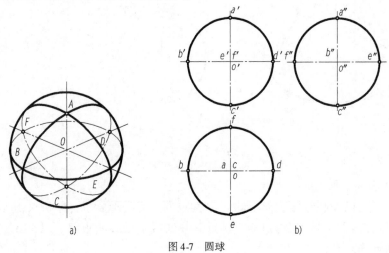

图 4-7　圆球

a)立体图;b)投影图

(2)球体表面上取点。一般采用辅助圆法,为了作图的方便,一般采用水平圆、侧平圆或正平圆作为辅助圆。

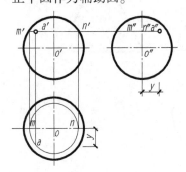

图 4-8　球面上取点

如图 4-8 所示,已知球面上 A 点的正面投影 a′,分析求作它的其余两面投影 a 和 a″。球面上三个投影都没有积聚性,而且球面上也不存在直线,但在球面上可以作通过 A 点而平行投影面的圆。现过 A 点作水平圆为辅助圆,作图过程如下:

①过点 A 作辅助水平圆的投影。此圆在正面上积聚成一直线 m′n′,以 m′n′为直径在水平投影面上作出该圆的实形。

②由 a′向辅助水平圆作投影线,由 a 可见 A 点在球体的前半部分,可求出 a。

③由 a′和 a 可求得第三面投影 a″,且 A 点在球体的左半部分,可知 a″可见。

第二节　截切体的投影

平面与立体相交,即立体被平面所截;与立体相交的平面称截平面;截平面与立体表面的交线称截交线;截交线所围成的图形称断(截)面;被平面切割后的立体称为截切体(又称切割体),如图 4-9 所示。

由于立体的形状不同,截平面的位置不同,因此,截交线的形式也不同,但它们都有下列性质:

(1)截交线是截平面与立体表面的共有线;

(2)截交线是封闭的平面图形。

一、平面与平面立体相交

平面截割平面立体所得的截交线,是一条封闭的平面折线,为截平面和立体表面所共有。

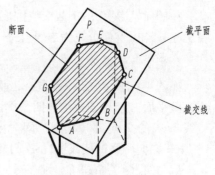

图 4-9　平面与六棱柱相交

1. 平面与棱柱相交

如图 4-9 所示,平面截割六棱柱,截交线为七边形 *ABCDEFG*。截交线多边形的顶点就是立体的棱线及底面与截平面的交点。其截交线求法如下(图 4-10):

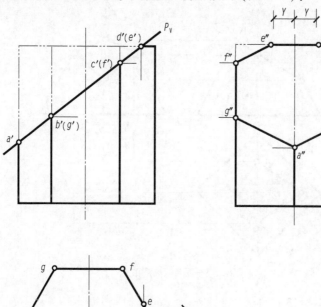

图 4-10　平面与正六棱柱相交

截平面 P 是一正垂面,截交线在正面上积聚为 P_V,与棱线的交点依次为 a'、b'、c'、d'、(e')、(f')、(g')。在水平投影中,对应作出与正六边形顶点投影重合的截平面与棱线的交点 a、b、c、f、g。在已知点的两面投影后,根据"三等关系",在侧投影面上对应作出 a''、b''、c''、f''、g'' 点。截平面 P 与六棱柱顶面的交线 DE 为一正垂线,在正面积聚为一点 $d'(e')$,又分属顶面的两条边。根据点线的从属关系,向水平投影面作投影线,可分别求出 d、e,已知 D、E 点的两面投影,可求出 d'' 和 e''。依次连接 A、B、C、D、E、F、G 各点,即得到所求截交线。

在侧面投影上,由于截交线围成的断面遮住了六棱柱最右边的一段棱线,应将该棱线侧面投影在 a″ 点以上部分改为虚线(图 4-10)。

2. 平面与棱锥相交

如图 4-11 所示,四棱锥被一正垂面 P 所截,其截交线求法如下:

截平面 P 与正四棱锥的四个侧面都相交,截交线围成四边形;在正面投影中,四棱锥各条棱线与 P_V 的交点 e′、f′、g′、h′ 即为截交线四个顶点,它们都积聚在 P_V 上。当求水平投影 f、h 时,由于它们所属的棱线 SB、SD 为侧平线,故应先求出它们的侧面投影 f″、h″,然后再据此求出 f、h。按投影关系即可分别在对应棱线的水平面投影和侧面投影上得出对应的 e、f、g、h 和 e″、f″、g″、h″。最后,依次把各个点的同面投影依次连接。分析可见性,便得到四棱锥被 P 平面截割后的投影。

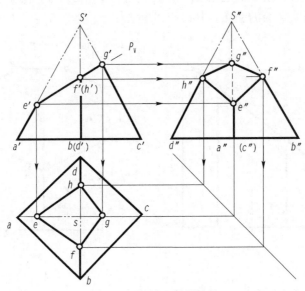

图 4-11　平面与四棱锥相交

二、平面与曲面立体相交

平面与曲面立体相交,其截交线为平面曲线,如图 4-12 所示的涵洞洞口端墙与拱圈的交线就是平面与圆柱的交线,即为平面曲线。在求截交线时,应考虑先求出它的特殊点,如最高、最低、最前、最后、最左、最右点和可见与不可见的分界点等,以便控制曲线的形状。

在工程中常见的平面曲线有圆、椭圆、抛物线和双曲线,这些曲线是由平面与圆柱或圆锥相截而形成,统称为圆锥曲线。

1. 平面与圆柱相交

表 4-1 为平面与圆柱面相交的三种情况。

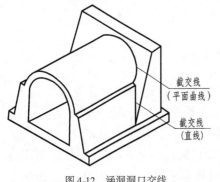

图 4-12　涵洞洞口交线

【例 4-1】　如图 4-13 所示,圆柱被正垂面 P 切割,求截交线。

平面与圆柱相交的截交线投影和断面   表 4-1

截平面位置	垂直于圆柱轴线	倾斜于圆柱轴线	平行于圆柱轴线
断面形状	圆	椭圆	矩形
示意图			
投影图			

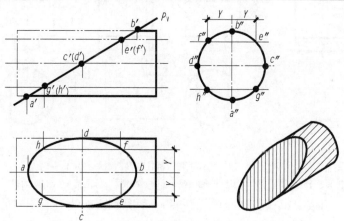

图 4-13   平面与圆柱相交

【分析】图 4-13 中的截平面 P 与圆柱轴线斜交,截交线为一椭圆。求截交线时,只要求出圆柱面上的一些素线与平面的交点,这些交点就是所求曲线上的点,依次连接,即为所求的截交线。

图 4-13 截交线的侧面投影与圆柱面的圆周重合。截平面 P 是正垂面,则截交线的正面投影积聚在正垂面 P 的正面投影上。因此,仅需求截交线的水平面投影即可。

【作图】(1)求特殊点:根据圆柱体表面取点的方法,求出截交线上的最低点 A、最高点 B、最前点 C、最后点 D。

(2)求一般点:例如 E、F、G、H 为一般位置点,先求出在正面的投影 e'、f'、g'、h',再利用积

聚性求出侧面投影 e''、f''、g''、h''，然后利用投影规律求出水平面投影 e、f、g、h。同理可求出其他一些一般点的投影。

（3）将各点依次连接 $a-g-c-e-b-f-d-h-a$，得到截交线的水平投影。

【例4-2】 求作图4-14所示的带切口圆柱的侧面投影。

【分析】圆柱的上切口是被两个平行于轴线的侧平面和一个垂直于轴线的水平面截割而成，它们与圆柱面的截交线共有四段相互平行的铅垂素线和两段水平的圆弧。圆柱的下切口是被两个平行于轴线的侧平面和两个垂直于轴线的水平面截割而成，它们与圆柱面的截交线仍然为四段相互平行的铅垂素线和两段水平的圆弧，但截割的部位与上切口有所不同。

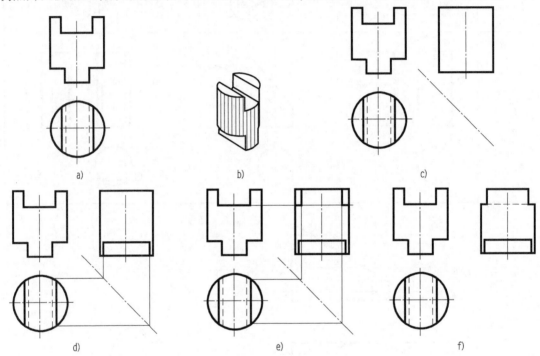

图4-14 求作带切口圆柱的侧面投影

a)带切口圆柱的侧面投影;b)立体图;c)未切圆柱的侧面投影;d)下部切口;e)上部切口的侧面投影;f)完成的侧面投影

在正面投影中，组成上、下切口的水平面和侧平面分别反映为具有积聚的水平直线和竖直直线。在水平面投影中，圆柱面的投影为有积聚性的圆，上切口的两个侧平面积聚成两条可见的直线，下切口的两个侧平面积聚成两条不可见的直线，故画成虚线。

作图过程中特别注意，圆柱侧面投影的外形线，其位于上切口部分已被截掉，而圆柱的下切口则没有截割到该外形线，如图4-14所示。具体用 AutoCAD 作图步骤如下：

步骤一：完成圆柱未切割时侧面投影。设置"03"图层（绿色）为当前图层，打开"正交"、"对象捕捉"、"对象追踪"等辅助工具，用直线命令绘制对称轴；设置"0"图层（白色）为当前图层，用直线命令绘制圆柱的矩形框，如图4-14c)所示。

步骤二：完成下部切口的侧面投影。设置"01"图层（红色）为当前图层，用直线等命令绘制45°辅助线和投影线，设置"0"图层（白色）为当前图层，用直线命令绘制下部切口，如图4-14d)所示。

步骤三:完成上部切口的侧面投影。删除步骤二的投影线;在"01"图层用直线命令绘制上部切口所需的投影线;在"0"图层用直线命令绘制上部切口,如图 4-26e)所示。

步骤四:整理图形。删除步骤三的投影线和 45°辅助线;用修剪命令修剪圆柱上部最前和最后的素线;在"04"图层用虚线补齐不可见轮廓线,如图 4-26f)所示。

2. 平面与圆锥相交

表 4-2 为平面与圆锥相交的五种情况。

平面与圆锥相交的截交线投影特性和断面　　　　　　　　　表 4-2

截平面位置	垂直于圆锥轴线	与所有素线相交	平行于一条素线	平行于两条素线	通过锥顶
示意图	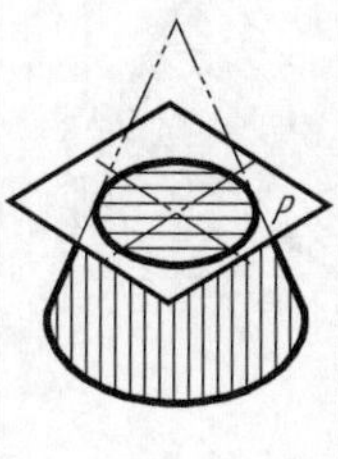	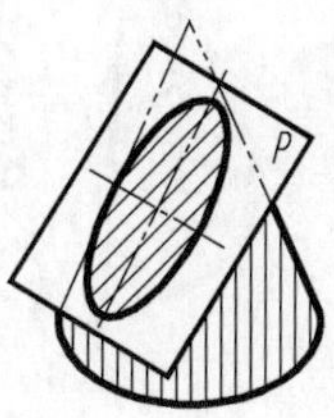	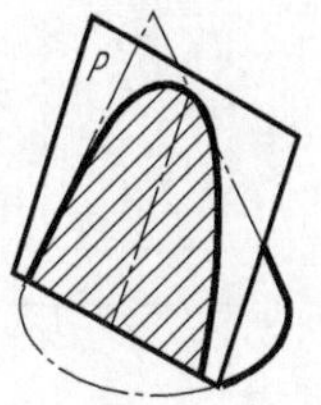	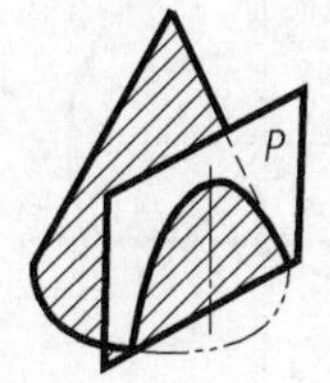	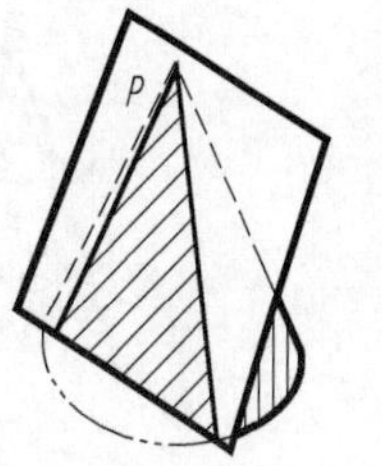
投影图	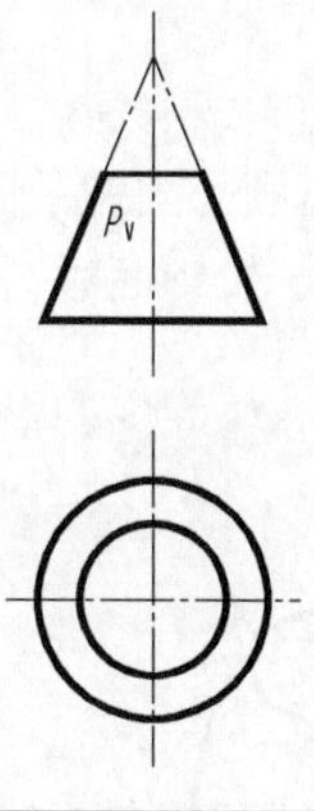	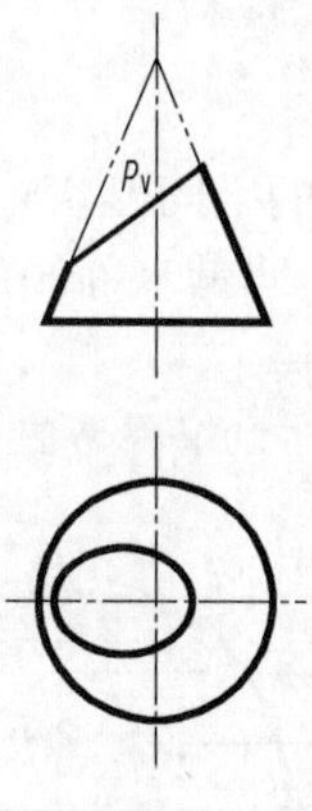	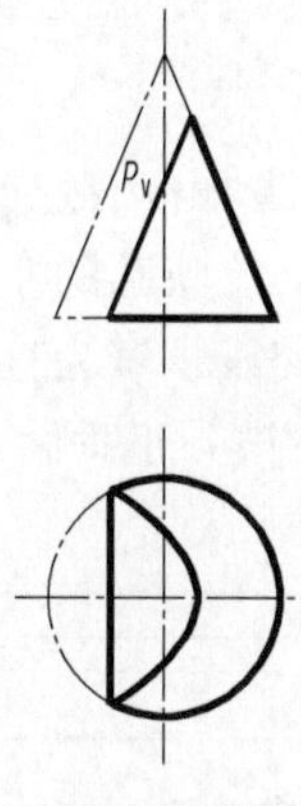	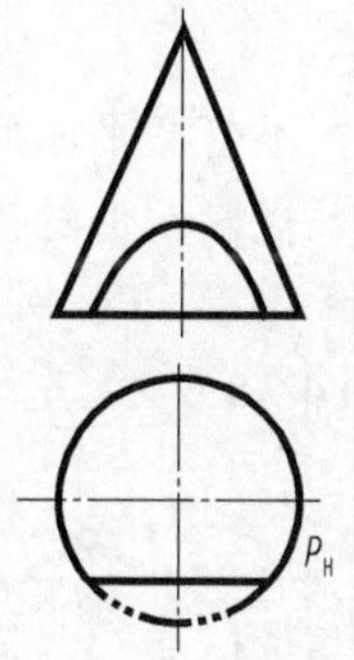	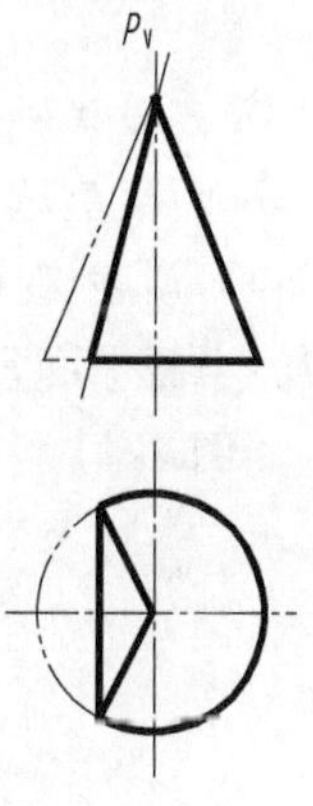
截交线	圆	椭圆	抛物线和直线	双曲线和直线	直线
断面	圆	椭圆	抛物线和直线组成的封闭的平面图形	双曲线和直线组成的封闭的平面图形	三角形

【例 4-3】　如图 4-15 所示,圆锥面被正平面 P 切割,求截交线。

【分析】截平面 P 平行于圆锥面上的两条素线,它的截交线为双曲线。截平面 P 是正平面,则交线的水平面和侧面投影分别积聚在 P_H 和 P_W 上。因此,仅需求出截交线的正面投影即可。

从侧面投影上可以看出,截交线的最高点为 C,根据 c'' 可在其他两投影的对应素线上求得 c 和 c' 点。截交线的最低点 A 和 B 点可根据 a、b 对应地求出 a' 和 b' 点。

有了最高和最低点后,还要适当地求出一些中间一般点,可在截交线有积聚性的投影上,如在水平面投影中作素线 S1、S2,交 P_H 于 d、e 点,在正面投影中的对应素线 $S'1'$、$S'2'$ 上求出 d'、e'。

最后用光滑曲线依次连接 $a' - d' - c' - e' - b'$，即为所求。

由于平面 P 为正平面，故截交线在正面投影上反映出双曲线的真实形状。

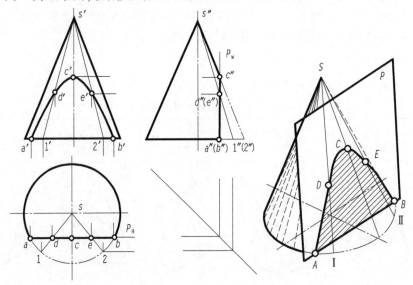

图 4-15　平面与圆锥相交的截交线（素线法）

3. 平面与球相交

平面截割球体时，不管截平面的位置如何，截交线的空间形状总是圆。当截平面平行于投影面时，圆截交线在该投影面上的投影，反映圆的实形；当截平面倾斜于投影面时，它的投影为椭圆；当截平面垂直于投影面时，圆截交线积聚为直线段。

【例 4-4】　如图 4-16 所示，求球体被一正垂面 P 所截的截交线。

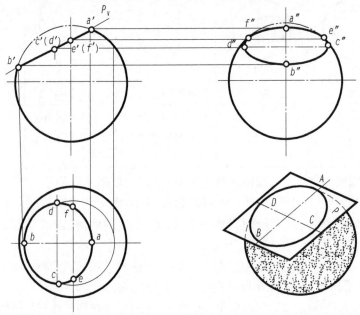

图 4-16　正垂面与球相交的截交线

【分析】截平面 P 为正垂面,截交线圆的正面投影积聚在 P_V 上,其水平面和侧面投影为椭圆,可分别求出它们的长短轴后作出。

利用纬圆法求出截交线水平面、侧面投影的椭圆短轴 ab、$a''b''$,长轴 cd、$c''d''$、短轴及截交线与球的侧面投影轮廓线的交点 e、e'' 和 f、f'',依次光滑连接各点,即得截交线的水平投影与侧面投影。

第三节 相贯体的投影

一、相贯的概念

有些形体是由两个或两个以上相交的基本形体组合而成的。两立体相交,也称为两立体相贯,它们的表面交线称为相贯线。实际上,它们形成一个整体,称为相贯体。由于相贯体是两立体表面的交线,因此相贯线是两立体表面的公共线。

当一个立体全部贯穿另一个立体时,产生两组封闭的相贯线,称为全贯,如图 4-17a) 所示。当两个立体相互贯穿时,称为互贯,互贯产生一组封闭的相贯线,如图 4-17b) 所示;若两立体有一公共表面时,互贯产生一组相贯线是不封闭的,如图 4-17c) 所示。

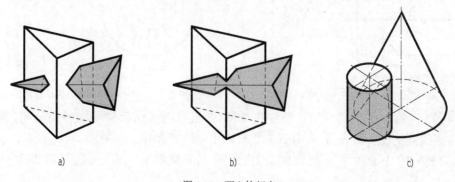

a)   b)   c)

图 4-17 两立体相交

a) 全贯;b) 互贯(一组封闭的相贯线);c) 互贯(一组不封闭的相贯线)

两立体相交有三种组合:平面立体与平面立体相交、平面立体与曲面立体相交、曲面立体与曲面立体相交。

二、平面立体与平面立体相交

两平面立体的相贯线实际上是求两平面的交线或直线与平面的交点。因此求两个平面立体相贯线的方法可归纳为两种:

(1) 求两立体相应棱面之间的交线;

(2) 求出全部多边形的顶点(贯穿点)后,再依次相连。

【例 4-5】 如图 4-18 所示,求两个五棱柱的表面交线。

【分析】由于两个五棱柱各有一棱面不在同一平面上,所以相贯线是不封闭的空间折线。两个五棱柱中的一个五棱柱的棱面垂直于侧面,交线与棱面的正面投影重合;另一个五棱柱的棱面垂直于正面,交线与棱面的侧面投影重合,可根据正面、侧面投影求作交线的水平投影,即

依次连接 $a-b-c-d-e-f-g$ 各点即可。

三、平面立体与曲面立体相交

平面立体与曲面立体相交,相贯线是由若干段平面曲线或若干段平面曲线和直线所组成。每段平面曲线或直线的转折点,就是平面立体的棱线与曲面立体表面的交点。因此,求平面立体与曲面立体的相贯线可归纳为平面、直线与曲面立体表面相交的问题。

【例 4-6】 如图 4-19 所示,求圆锥与三棱柱的相贯线。

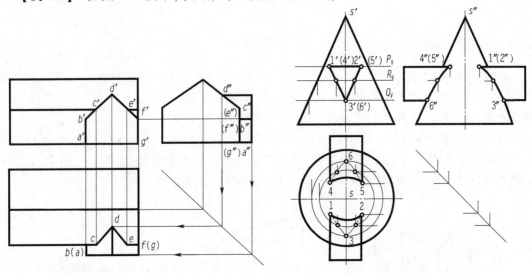

图 4-18 两个五棱柱的表面交线　　　　图 4-19 圆锥与三棱柱相贯

【分析】(1)图 4-19 的圆锥与三棱柱是全贯,并且有两组前后对称和封闭的相贯线,每组相贯线由三段截交线所组成,并各有三个转折点Ⅰ、Ⅱ、Ⅲ和Ⅳ、Ⅴ、Ⅵ。

(2)三棱柱的正面投影有积聚性,相贯线的正面投影与它重合,故只需求水平和侧面投影。

(3)从正面投影分析,三棱柱的左、右棱面各对应地与圆锥的一条素线平行,其截交线均为抛物线。三棱柱的一个棱面为水平面,它与圆锥轴线正交,其截交线为平行于水平面的圆弧实形。

【作图】(1)如图 4-19 所示,用过棱线的水平面为辅助平面,可作出六段截交线和六个贯穿点的水平和侧面投影。

(2)判别可见性及连线,水平面上的 12、45 可见,用实线绘制;而 13、46 和 23、56 为不可见,用虚线绘制。侧面投影都左右重合,用实线绘制。

四、曲面立体与曲面立体相交

两曲面立体相交,相贯线一般是光滑的、封闭的空间曲线,特殊情况下可能是直线或平面曲线。曲线上任意一点,是同时属于两个立体表面的共有点,相贯线是同时属于两个立体表面的共有点的集合,如图 4-20 所示。求相贯线时,只须作出一系列共有点的投影,顺次连接即可。

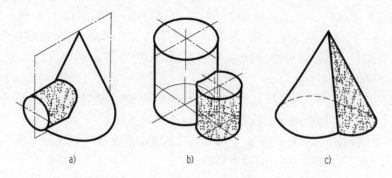

图 4-20 两曲面立体相交
a)相贯线为空间曲线;b)相贯线为直线和平面曲线;c)相贯线为直线

【例 4-7】 如图 4-21a)所示,求两正交圆柱的相贯线。

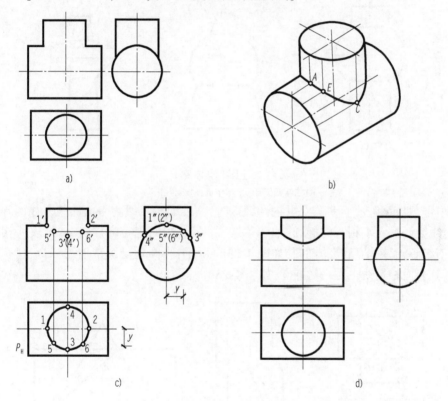

图 4-21 两正交圆柱相交
a)已知条件;b)立体图;c)作图过程;d)作图结果

【分析】这两圆柱的轴线垂直相交相贯线和相贯体也前后对称、左右对称。由于小圆柱全部贯入大圆柱,所以相贯线是一条封闭的空间曲线。

由于小圆柱的水平投影积聚,所以相贯线的投影在水平面上与小圆柱体的投影重合。同理大圆柱的侧面投影积聚,相贯线的投影也与大圆柱体的投影重合。这两个垂直相贯的圆柱重点是求作相贯线的正面投影。

【作图】(1)求特殊点。由正面投影可知,1′、2′是两圆柱相贯线上最高(也是最左、最右)的两点,利用体表面上取点的方法,可求出 1、2 和 1″、2″;又由侧面投影可知,3″、4″是两圆柱相贯线上的最低点(也是最前、最后)的侧面投影,利用体表面取点的方法,可求出 3、4 和 3′、4′。

(2)求一般位置点。如图 4-21c)所示,利用积聚性可知一般位置点 5、6 两点水平投影和侧面投影在两个圆周上,再根据点的投影关系求出第三面投影。

(3)用光滑曲线顺次连接 1′5′3′6′2′(1′4′2′与 1′5′3′6′2′重合),即为所求相贯线的正面投影。注意相贯线的前后两部分的正面投影重合。

在工程中常遇到两个回转曲面共同外切于圆球时,这两个回转曲面的相贯线为平面曲线或直线。常见的特殊情况有以下三种:

(1)具有同轴的回转体相交时,其表面相贯线为垂直于该轴线的圆,如图 4-22 所示。

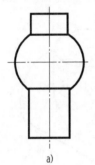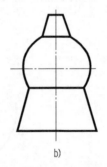

图 4-22 同轴回转体相贯

a)柱球相贯;b)锥球相贯;c)锥锥相贯

(2)两回转曲面相交,且具有公共内切圆球时,其表面相贯线为平面曲线。如两等径圆柱正交时,交线为两个大小相等的椭圆,如图 4-23a)所示;当两等径圆柱斜交时,表面相贯线为两个长轴不相等,而短轴相等的椭圆,如图 4-23b)所示;当圆柱与圆锥轴线相交,且有公共内切圆球时,其表面相贯线也是一对椭圆,如图 4-23c)所示。

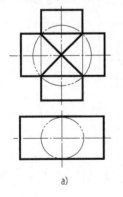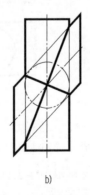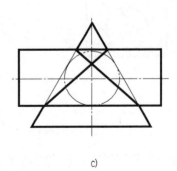

图 4-23 具有公切圆球的曲面体相交

a)柱柱正交;b)柱柱斜交;c)柱锥正交

(3)当两圆柱轴线平行或两圆锥共锥顶时,其表面相贯线为直线(即素线),如图 4-24 所示。

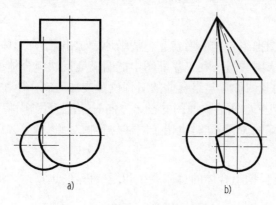

图 4-24　两曲面体轴线平行、共锥顶

a)柱柱轴线平行;b)锥锥共锥顶

第四节　组合体的投影

一、组合体投影图的画法

任何复杂的工程构件,从形体角度来分析,都可以看作由一些基本体组合而成。这种由两个或两个以上基本体按一定的方式组合而成的立体,称为组合体。组合体按其组合形式可分为叠加式、切割(挖切)式和综合式三种。

形体分析法是求组合体投影图的基本方法,就是将组合体分解成几个基本体,分析出它们的内、外形状和相互的位置关系,将基本体的投影图按其相对位置进行组合,这样就可得到组合体的投影图。

以图 4-25 所示的涵洞口为例,说明组合体投影图的一般作图步骤:

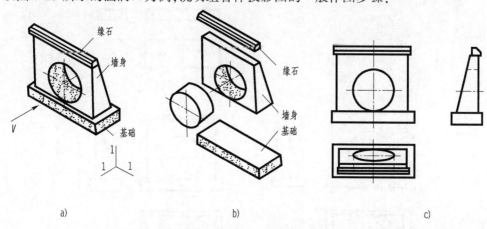

图 4-25　涵洞口—字墙的投影

a)立体图;b)分析图;c)三面投影图

1. 形体分析

如图 4-25b),该涵洞口是由基础、墙身和缘石三个基本体叠加而成。

2. 选择投影图

为了用较少的投影图把组合体的形状完整清晰地表示出来,在形体分析的基础上,还要选择合适的投影方向和投影图数量。在正立面图中能明显地反映组合体的主要形状特征和相对位置,并尽量使组合体的画图位置与组合体的工作位置或加工制作单位相一致。

如图 4-25a)所示,把 V 向作为立面图的投影方向时,在立面图中将明显地反映基础、墙身和缘石的形状特征及相互的位置,同时也便于图样与实物对照。

3. 选比例,定图幅

投影图确定后,还要根据组合体的总体大小和复杂程度,选择适当的比例和图幅。

4. 布置投影图

布图时,根据选定比例和组合体的总体尺寸,可粗略算出各投影图范围的大小,并布置匀称图面。考虑标注尺寸和标注文字的位置后,再作适当调整,便可定出各投影图的对称线、主要端面轮廓线的位置,作为作图基线,如图 4-26a)所示,布图要平衡、匀称、协调。

5. 绘制投影图

一般应从形状特征明显的投影图入手,先画主要部分,后画次要部分;先画可见轮廓线,后画不可见轮廓线。组合体的每一个组成部分的三面投影,最好根据对应的投影关系同时绘制。不要先把某一视图全部绘制完成后,再画其他视图,这样容易漏画线条。具体用 AutoCAD 作图步骤如下:

步骤一:设置"03"图层(绿色)为当前图层,打开"正交"、"对象捕捉"、"对象追踪"等辅助工具,用直线命令绘制三面投影图的对称轴,如图 4-26a)所示。

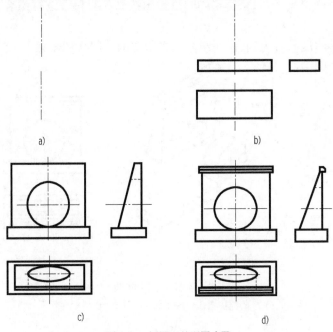

图 4-26 涵洞口的画图步骤

a)画作图基线;b)画基础的投影图;c)画墙身的投影图;d)画缘石的投影图

步骤二:设置"0"图层(白色)为当前图层,用直线等命令绘制"基础"部分的三面投影图,如图4-26b)所示。

步骤三:用直线、圆、椭圆等命令绘制"墙身"部分的三面投影图,其中虚线要切换到"04"图层(黄色),如图4-26c)所示。

步骤四:用直线等命令绘制"缘石"部分的三面投影图,如图4-26d)所示。

6. 检查全图

绘制完成后,按照投影关系仔细检查全图。

二、组合体投影图的尺寸标注

形体的投影图仅能表达形体的形状和各部分的相互关系,还必须标注完整的尺寸才能明确形体的实际大小和各部分的相对位置。组合体的尺寸标注也是先标注各基本体的尺寸,再标注总体尺寸。组合体的尺寸标注有以下基本要求:

(1)要准确无误且符合制图的国标规定。

(2)图上所标注的尺寸要完整,不遗漏。

(3)尺寸布置要清晰,便于读图。

(4)标注要合理。

1. 基本体的尺寸标注

基本体的尺寸标注法是组合体尺寸标注的基础,一般要标注出长、宽、高三个方向的尺寸,图4-27是常见的几种基本体尺寸的标注法。

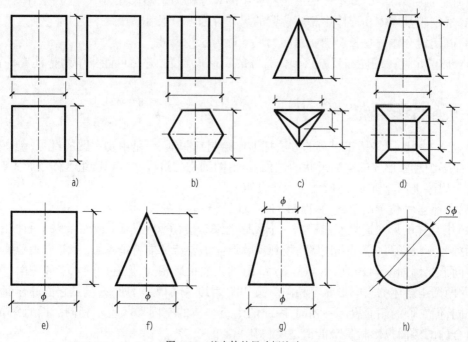

图4-27 基本体的尺寸标注法

a)四棱柱;b)六棱柱;c)三棱锥;d)四棱台;e)圆柱;f)圆锥;g)圆台;h)圆球

2. 截切体与相贯体的尺寸标注

截切体与相贯体除了应标注形体的基本尺寸外,截切体只需注明形成切口截平面的定位尺寸,如图 4-28a)和 b)所示;相贯体只需注明组成相贯体的各基本体之间的相对位置尺寸,如图 4-28c)所示。图 4-28 中标注为"×"的尺寸表示此处不用标注。

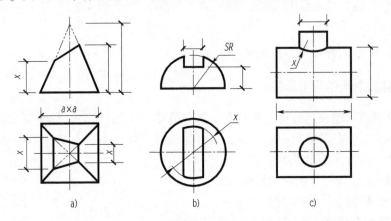

图 4-28 截切体与相贯体的尺寸标注
a)平面截切体;b)曲面截切体;c)两曲面体相贯

3. 组合体的尺寸标注

组合体的尺寸主要分为三类:

(1)确定各形体中的基本体的形状和大小的尺寸称为定形尺寸。

(2)确定各基本体在形体中相对位置的尺寸称为定位尺寸。

(3)确定组合体的总长、总宽、总高的尺寸称为总体尺寸。

组合体的尺寸一般注在反映该形体特征的实形投影上,并尽可能集中地标注在一两个视图上。

三、组合体投影图的识读

画组合体投影图是用正投影的方法把形体绘制到图纸上,是由物到图的过程;读图是根据形体的投影图想象形体的空间形状的过程,是由图到物的过程。在识读组合体投影图时,除了运用投影规律进行分析外,还应注意以下几点:

(1)熟悉各种位置的直线、平面(或曲面)以及基本体的投影特性。

(2)组合体的形状通常不能根据一个投影图来确定,至少要两个或两个以上的投影图,同时必须把几个投影图联系起来思考,找到反映形体主要特征的特征投影,才能准确地确定组合体的空间形状。如图 4-29 所示,虽然 a)和 b)的正面投影相同,但它们的水平和侧面投影不相同,因此两个组合体的空间形状不相同。又如图 4-29 中 b)和 c)所示,虽然它们的正面和水平投影相同,但它们的侧面投影不相同,因此两个组合体的空间形状也不相同。因此图 4-30 的三个组合体的侧面投影就是最能清楚反映其特征的投影。

(3)注意投影图中线条和线框的意义。投影图中的一条直线,除表示直线的投影外,也可能表示一个具有积聚性的面,还可能表示两个面的交线或曲面的转向轮廓线。投影图中的一个线框除表示一个面的投影外,也可能表示一个基本体在某一投影面上的积聚投影。

组合体的识读方法一般有形体分析法和线面分析法两种,一般以形体分析法为主。

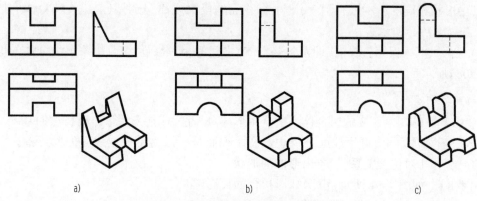

图 4-29 具有相同投影的组合体的比较

a)组合体一;b)组合体二;c)组合体三

1. 形体分析法

形体分析法读图,就是先以特征比较明显的视图为主,根据视图间的投影关系,把组合体分解成一些基本体,并想象各基本体的形状,再按它们之间的相对位置,综合想象组合体的形状。此读图方法常用于叠加型组合体。

如图 4-30 所示,识读组合体的三面投影,想象它的空间形状。

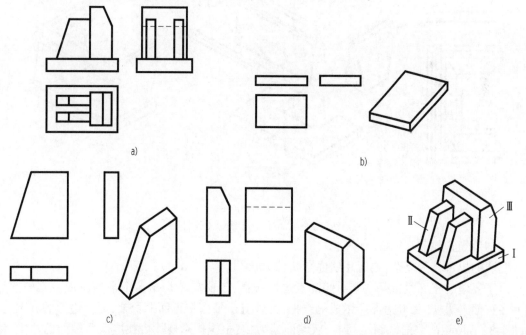

图 4-30 形体分析法读图

a)分线框;b)读Ⅰ线框;c)读Ⅱ线框;d)读Ⅲ线框;e)组合体的立体图

(1)分线框。根据组合体已知的三面投影图可知正面投影图中线框较为明显,可以把正面投影分为三个线框。然后根据"长对正、宽相等、高平齐"的投影规律,找出这三个线框的水平面、侧面投影,如图 4-30 所示。

(2)读线框。从三面投影图中分出的三个线框,即是把组合体分为了不同形状的三个基本体(其中形状相同的基本体有两个)。根据线面的投影规律,分别识读这些基本体的形状,如图 4-30b)、c)、d)所示。

(3)组合线框。根据各线框(即是各基本体)之间的相对位置,综合想象出组合体的形状,如图 4-30e)所示。

2.线面分析法

一些由基本体切割而成的组合体不适合用形体分析法,或在采用形体分析法的基础上,对局部比较难看懂的部分,可用线面分析法读图。线面分析法就是根据线面的投影特征,分析线、面的形状和相对位置关系,想象出形体的形状。

【例 4-8】 如图 4-31 所示,识读 U 形桥台的投影图。

(1)用形体分析法识读 U 形台图。

从桥台的正面投影中可分成四个线框,即可把桥台分为:基础、前墙、台帽、翼墙四个基本体,如图 4-31b)所示。读各基本体的形状。基础、台帽、前墙的读图较为简单,根据线面的投影规律,分别识读这些基本体的形状,这里不再详述。

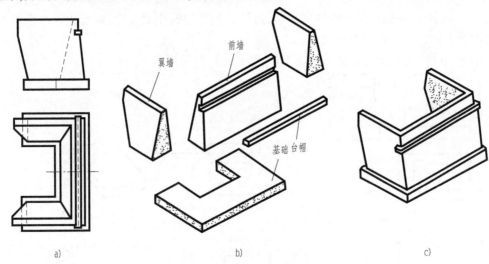

a)   b)   c)

图 4-31　桥台的读图

a)两面投影;b)立体分解图;c)立体图

(2)用线面分析法识读 U 形台图。

翼墙的投影较为复杂,要运用线面分析法来读图。

由于翼墙的正面投影是一个封闭的五边形线框,说明翼墙是由七个平面围成。其中前后端面在正面上重合,为五边形所围成的线框;另外五个平面在正面上积聚,为五边形的五条边,如图 4-32a)所示。将前端面记为 1′、后端面记为 2′,根据投影规律可找出前后端面的水平、侧面的投影 1、2 和 1″、2″,可知前端面是侧垂面,后端面是正平面。

同理,Ⅲ面和Ⅵ面位于翼墙的左面,Ⅳ面位于翼墙的右面,如图 4-32c)所示。分别找出这三个平面的三面投影,结合平面的投影特性可知:Ⅵ面是侧平面;Ⅲ面和Ⅳ面是正垂面。

在正面投影中,上端面Ⅶ、下端面Ⅴ两面重合,再结合它们的其他两面投影可知Ⅶ面和Ⅴ面都是水平面,如图4-32c)所示。

根据各平面的空间位置和它们之间的相对位置,并按图4-32b)和c)分步"组装",综合想象出桥台翼墙的空间形状,如图4-32d)所示。

(3)综合想象整体形状。根据基础、前墙、台帽、翼墙间的相对位置,"组装"就位,便可综合想象出整个U形桥台的形状,如图4-32c)所示。

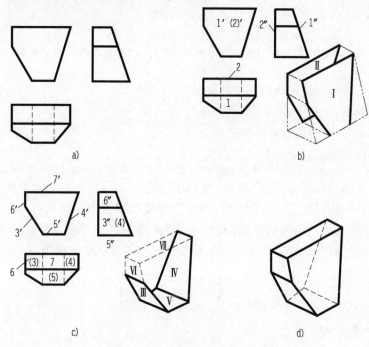

图4-32　桥台翼墙的线面分析

a)三面投影;b)Ⅰ面和Ⅱ面;c)Ⅲ面–Ⅶ面;d)立体图

复习思考题

1.什么叫基本体?基本体有哪些类型?试举例说明。

2.什么叫组合体?组合体有哪些组合方式?

3.平面与平面立体相交的截交线有什么特点?

4.平面与圆柱相交、平面与圆锥相交,产生几种截交线?

5.组合体的读图有哪些方法?试分别说明。

6.两个回转曲面的相贯线会出现直线的情况吗?试分别说明。

第五章 工程形体的基本表达方法

前面章节介绍的三面投影图(三视图)是形体表达的基本方法。实际工程形体的形状和结构是复杂的组合形体,仅用三个视图难以将复杂形体准确的表达出来。为了正确、完整、清晰、规范地表达工程形体的内外结构,国家相关制图标准规定了各种画法及其表达方式,如视图、剖面图、断面图、简化画法等,绘图时可根据工程形体的形状特征选用。

第一节 视 图

一、基本视图的形成

在原来的三个投影面 V、H、W 的相对平行方向,增设三个新的投影面 V_1、H_1、W_1,形成一个像正六面体的六个基本投影面,如图 5-1 所示。

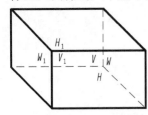

图 5-1 六个基本投影面

工程形体的视图,按观察者→工程形体→基本投影面的关系,从工程形体的前、后、左、右、上、下六个基本投影面方向进行投射,如图 5-2a)所示,分别得到如下六个基本视图:

(1)正立面图:从前向后(即 A 表示方向)作投影所得的视图,即主视图;

(2)平面图:从上向下(即 B 表示方向)作投影所得的视图,即俯视图;

(3)左侧立面图:从左向右(即 C 表示方向)作投影所得的视图,即左视图;

(4)右侧立面图:从右向左(即 D 表示方向)作投影所得的视图,即右视图;

(5)底面图:从下向上(即 E 表示方向)作投影所得的视图,即仰视图;

(6)背立面图:从后向前(即 F 表示方向)作投影所得的视图,即后视图。

六个基本视图可按如图 5-2b)所示的顺序排列,但要注明视图的名称。

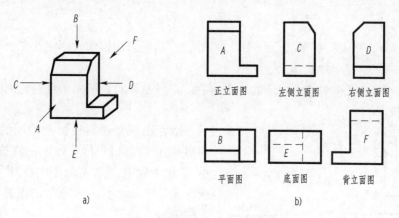

a)　　　　　　　　　　　　b)

图 5-2　投影方向与六个基本视图
a)立体的投影方向；b)六个基本视图

二、辅助视图

1. 斜视图

工程形体的某部分不平行于任一基本投影面，则在六个基本视图上不能显示相应部分的真实形状。因此，可在平行于工程形体倾斜部分上设置一个辅助投影面，在此投影面上得到的视图称为斜视图。

斜视图仅画出所需要部分的投影，如图 5-3 所示，用斜视图显示钢桥桥门架斜面的实形。

2. 局部视图

如图 5-4 所示的形体，正立面图和平面图就能将形体的大部分表达清楚，这时可不画出整个形体的侧立面图，只需画出没有表示清楚的那一部分。这种只将形体某一部分向基本投影面投影所得的视图称为局部视图。画局部视图时，一般用带有英文大写字母的箭头指明投射部位和投射方向，并在相应的局部视图下用大写字母注明图名。

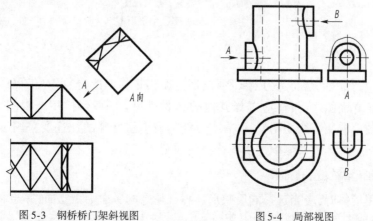

图 5-3　钢桥桥门架斜视图　　　　图 5-4　局部视图

另外，局部视图的边界线以波浪线或折断线表示，如图 5-4 中的 A 向视图。当表示的局部结构形状完整，且轮廓线成封闭时，波浪线可省略，如图 5-4 中的 B 向视图。

3. 镜像视图

当某些形体直接用正投影法绘制不易表达清楚时,可采用镜像投影法绘制,但镜像投影所得的视图应在图名后注写"镜像"两字。

如图 5-5 所示,把镜面放在物体的下面,代替水平投影面,在镜面中反射得到的图像,则称为"平面图(镜像)"。

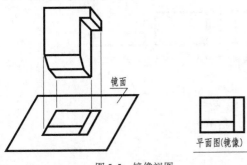

图 5-5 镜像视图

镜像视图和通常投影法绘制的平面图是不相同的,读者可以自行比较。在建筑装饰施工图中,常用镜像视图来表示室内顶棚的装修、灯饰或古建筑中殿堂室内房顶上的藻井(图案花纹)等构造。

4. 旋转视图

将形体的倾斜部分旋转到与某一选定的基本投影面平行时,再向该投影面作投影而得到的视图称为旋转视图。

如图 5-6b)所示,把房屋框架平面图中右边的倾斜部分,假想绕垂直于 H 面的轴旋转到平行于 V 面后,再画出它的正立面图(如图 5-6a),但平面图形状、位置不变,此时正立面图的投影长度比平面图要长,这时的正立面图即为旋转视图。

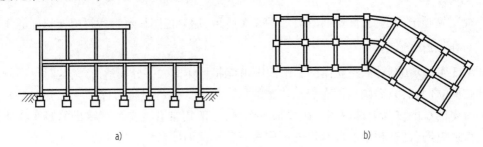

a)   b)

图 5-6 房屋框架的旋转视图
a)旋转后的正立面图;b)平面图

三、视图的选择

在工程图中,常以正立面图为主要图样,通过阅读正立面图,便可对工程形体获得初步的认识。在确定正立面图之后,还应选择其他的必要视图。一般形体用三视图就能表达清楚。工程形体简单的可能用两个视图就行,有些复杂的或形状特殊的往往要采用三个视图以上才能表达清楚。结合具体的形体阐述视图选择的原则。

1. 正立面图(主视图)的选择

在表达工程形体时,应当选择能反映形体特征轮廓的一面为正立面,并绘制正立面图。

如图 5-7c)所示的挡土墙,若采用如图 5-7a)所示的正立面图能反映挡土墙的特征轮廓。而采用图 5-7b)所示的正立面图,虽然正立面图的形状与图 5-7a)大致相同,但左侧立面图呈现出较多的虚线,表达不够清晰。因此图 5-7a)的正立面图方向选择更合适。

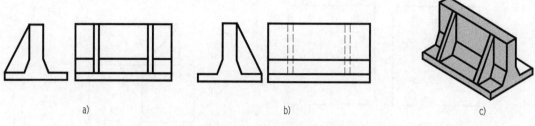

图 5-7　挡土墙正立面图的选择
a)方案一;b)方案二;c)立体图

2.图面的布置

在考虑正立面图选择的同时,还要考虑图面的合理布置。如图 5-8c)所示的桥墩,一般选择图形长度较大的方向作为正立面图,如图 5-8a),这样视图所占的幅面较小。若采用图 5-8b)所示的正立面图方向,则所占的幅面大,不合理。

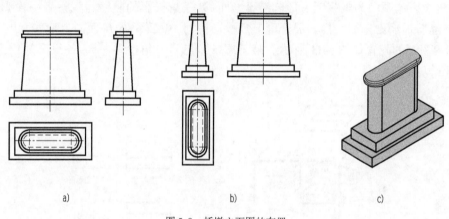

图 5-8　桥墩立面图的布置
a)方案一;b)方案二;c)立体图

3.视图数量的选择

视图的数量和应选择哪些视图,要根据工程形体的复杂程度和习惯画法而定。尽量符合既能清晰、完整地表达工程形体,又能选择视图数目较少的原则。

如图 5-9 所示的沉井,正立面图和左侧立面图是相同的,左侧立面图重复,因此习惯上只需要两个视图即可。

四、形体在第三角中的投影

如图 5-10 所示互相垂直的 V、H、W 三个投影面向空间延伸后,将空间划分成八个部分,每一部分称为一个分角,即有八个分角。在 V 面之前 H 面之上 W 面之左的空间为第一分角;在 V 面之后 H 面之上 W 面之左的空间为第二分角;在 V 面之后 H 面之下 W 面之左的空间为第三分角;其余的以此类推。通常把形体放在第一分角进行正投影,所得的投影图称为第一角投影。我国的工程图样均采用第一角投影,但欧美一些国家以及日本等国则采用第三角投影。随着国际间技术合作与交流不断增加,为了更好地与国际接轨,以下对第三角投影作简单介绍。

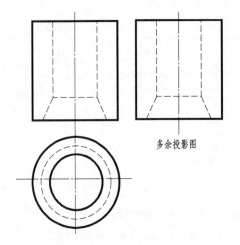

多余投影图

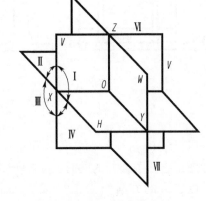

图 5-9　视图数量的选择　　　　　　　　　　　　图 5-10　八个分角的形成

第一角投影的顺序为观察者→形体→投影面;第三角投影的顺序为观察者→投影面→形体,就好像隔着玻璃看东西一样。展开第三角投影图时,V 面不动,H 面向上旋转 90°,W 面向前旋转 90°,视图的配置如图 5-11 所示。第三角投影与第一角投影一样,各投影间仍遵循"长对正,宽相等,高平齐"的规律。

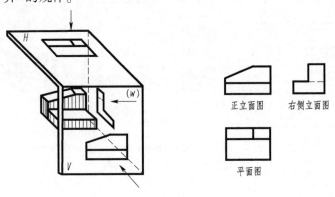

正立面图　　　右侧立面图

平面图

图 5-11　第三角投影

第二节　剖　面　图

一般在画工程形体的投影图时,用实线表示可见的轮廓线,虚线表示不可见的轮廓线。形体结构越复杂,绘制的投影图中虚线就越多,造成形体视图上实线和虚线纵横交错,影响视图的清晰,容易产生差错,更不利于了解空间形体和尺寸标注。因此,工程上常采用剖面图和断面图来解决这一问题。

一、剖面图的形成

用假想的一个剖切平面在形体的适当部位剖切开,移去观察者与剖切平面之间的部分,将剩余部分投射到与剖切平面平行的投影面上,所得的投影图称为剖面图。

图 5-12 所示为一钢筋混凝土杯形基础的三面投影图,从图中可看出正立面图和左侧立面图都有虚线,影响视图的清晰。若用一个通过基础前后对称面的正平面 P 将基础剖切开,移去观察者与剖切平面 P 之间的部分,如图 5-13a)所示,将剩余的后半个基础向 V 面作投影,所得的投影图即为杯形基础的剖面图,如图 5-13b)所示。显见,这一剖面图将杯形基础的内部结构表达清楚。

形体被剖切后,暴露出形体的内部材料,而这些内部材料可用平行等间距的 45°细线(也称为剖面线)表示,或者就用建筑材料的图例表示(见表 5-1)。常用建筑材料图例及部分 AutoCAD 的填充代号见常用建筑材料图例。

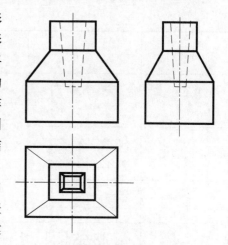

图 5-12　杯形基础的三面投影图

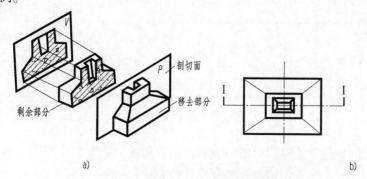

a)　　　　　　　　　　　　　　　　　　　　b)

图 5-13　杯形基础剖面图的形成

a)剖切立体图;b)剖面图

常用建筑材料图例表　　　　　　　　　　表 5-1

名　称	图　例	说　明	AutoCAD 的填充代号
自然土壤		包括各种自然土壤	
夯实土壤			
沙、灰土		靠近轮廓线绘较密的点	AR－SAND
粉刷		本图例采用较稀的点	
普通砖		1. 包括砌体、砌块; 2. 断面较窄、不易画出图例线时,可涂红	
饰面砖		包括铺地砖、马赛克、陶瓷锦砖、人造大理石等	

续上表

名 称	图 例	说 明	AutoCAD 的填充代号
混凝土		1. 本图例仅适用于能承重的混凝土及钢筋混凝土; 2. 包括各种强度等级、骨料和添加剂的混凝土; 3. 在剖面图上画出钢筋时,不画图例线; 4. 断面较窄,不易画出图例线时,可涂黑	AR – CONC
钢筋混凝土			ANSI31 和 AR – CONC 两种
毛石			GARVEL
木材		1. 上图为横断面,左上图为垫木、木砖和木龙骨; 2. 下图为纵断面	
金属		1. 包括各种金属; 2. 图形小时,可涂黑	STEEL

二、剖面图的标注

为了便于识图,剖面图的标注就是将剖面图中的剖切位置和投射方向在工程图中加以说明。制图标准规定,剖面图的标注是由剖切符号和编号组成的。

(1)剖切符号,由剖切位置线和投射方向线组成。

剖切位置线就是剖切平面的积聚投影,表示了剖切面的剖切位置。一般应使剖切平面通过形体内部孔、洞、槽等的对称面或轴线,且使其平行于某一投影面,以便使剖切后的孔、洞、槽的投影反映实形。剖切位置线一般用两段粗实线绘制,长度为 $6 \sim 10$ mm。若剖切位置线需要转折,又与其他图线易发生混淆时,应在转角的外侧加注与该符号相同的编号,如图 5-14 所示。

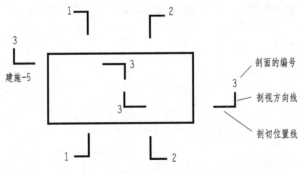

图 5-14 剖切符号

投影方向线(又叫剖视方向线)是与剖切位置线垂直的两段粗实线,表示了形体剖切后剩余部分的投影方向。投影方向线比剖切位置线要短一些,一般长度为 $4 \sim 6$ mm。

绘图时,剖切符号应不穿越视图中的图线,并且不能与图中的其他图线相交或重合。

（2）剖切符号的编号。

对于复杂形体,可能要同时剖切几次才能表达清楚其内部结构,因此,对每一次剖切都要进行编号。标准规定剖切符号的编号宜采用阿拉伯数字,按顺序由左至右、由下至上连续编排,并注写在剖视方向线的端部,如图5-14所示。

在相应的剖面图的下方写上剖切符号的编号作为剖面图的图名,如"Ⅰ-Ⅰ剖面图"等字样,并在图形下方画上与之等长的粗实线,如图5-13b)。

三、画剖面图的要点

（1）剖切平面的选择,通常采用与投影面平行的面作剖切平面,按具体情况,可采用正平面、水平面或侧平面作为剖切平面。也可用投影面作剖切平面。

（2）剖切是一种假想,当形体的一个视图用剖面图表达后,其余的视图不受影响,仍按完整的形体画出;当其余视图再剖切时,还是把形体作为完整的来剖切,其剖切方法和先后次序互不影响。

（3）在绘制剖面图时,被剖切平面切到的部分（即断面）,其轮廓线用粗实线绘制。剖切平面没有切到但沿着投射方向可以看到的部分（即剩余部分）,用中实线绘制,不要出现漏线或多画线的现象。

（4）剖面图中一般不画虚线,但没有表达清楚的部分,必要时也可用虚线表示。

（5）在断面轮廓线内填充建筑材料图例,若形体的材料不注明时,可用平行等间距的45°细线表示。当同一形体具有多个断面区域时,表示其材料图例的画法应一致。

四、剖面图的分类

剖面图根据不同的剖切方式可分为全剖面图、半剖面图、局部剖面图、阶梯剖面图、旋转剖面图和展开剖面图。

1. 全剖面图

（1）形成。假想用一个剖切平面将形体全部"剖开"后所得到的剖面图称为全剖面图,如图5-15所示为涵洞口全剖面图和半剖面图。

（2）适用范围。全剖面图一般用于不对称的形体,也适用于一些虽然对称但外形简单、内部比较复杂的形体。

（3）注意事项。全剖面图一般都要标注剖切符号和编号,只有当剖切平面与形体的对称平面重合且全剖面图又在基本视图的位置时,可以省去标注。

2. 半剖面图

（1）形成。当形体具有对称平面时,在垂直于对称平面的投影面上的投影,以对称中心线为界,一半画成表示内部结构的剖面图,另一半画成表示形体外部形状的视图,这样组合的图形称为半剖面图。

如图5-16a)所示一圆形沉井的两视图,正立面图为左右对称,可以采用半个Ⅰ-Ⅰ剖面和半个外形视图组合的半剖面图表示。半个外形视图中的虚线一般可省略不画,如图5-16b)所示。

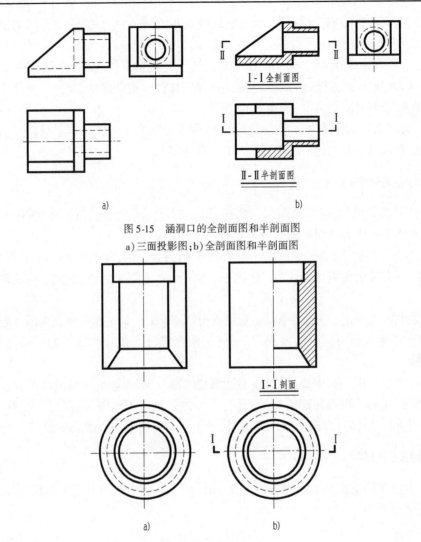

图 5-15　涵洞口的全剖面图和半剖面图
a) 三面投影图; b) 全剖面图和半剖面图

图 5-16　圆形沉井的半剖面图
a) 两面投影图; b) 半剖面图

（2）适用范围。半剖面图一般用于内外结构形状对称的形体。

（3）注意事项。

①半个剖面和半个外形视图的分界线规定用点画线（对称线）绘制,而不能画成实线。若点画线恰好与轮廓线重合,则应避免用半剖面图。

②半剖面图一般习惯画在分界线的右边或下边。

③若半个剖面图中已清楚地表达了内部结构形状,则在另外半个视图中的虚线一般不再画出。

3. 局部剖面图

（1）形成。如果形体的大部分已经表达清楚,只是局部尚需表达,或者只要表达局部就可以知道整体情况的,就用剖切平面局部地剖开形体,并用波浪线隔开,这样所得的剖面图称为局部剖面图。

如图 5-17 所示一钢筋混凝土杯形基础的一组视图,为了表达其内部钢筋的配置情况,平面图采用了局部剖面图,局部剖切部分画出了杯形基础的内部结构和断面材料图例,其余部分仍画外形视图。

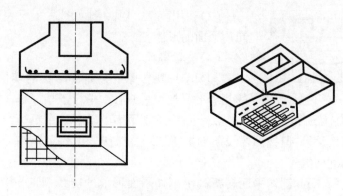

图 5-17　钢筋混凝土杯形基础的局部剖面图

在工程中还经常用分层局部剖切的剖面图来表达楼面、墙面及路面等的不同层次的构造。如图 5-18 所示,就用分层局部剖面图来表示楼面各层所用的材料和构造。

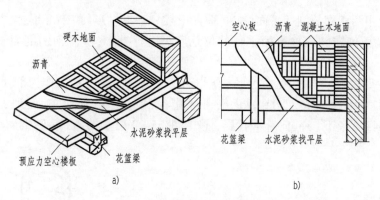

图 5-18　楼面分层局部剖面图

a)立体图;b)平面图

(2)适用范围。局部剖面图一般适用于外形复杂且分层次、内部厚度很小,而且需要保留大部分外形,只需表达局部内形结构的形体。

(3)注意事项。

①局部剖面图中,剖面部分与外形视图部分的分界线用波浪线表示,波浪线可理解为形体表面开裂的痕迹,因此应画在形体的实体部分。另外波浪线不能与轮廓线重合,也不能超出视图的轮廓线,同时,波浪线在视图孔洞处要断开。

②局部剖面图一般不再进行标注。

4.阶梯剖面图

(1)形成。当用一个剖切平面不能将形体上需要表达的内部结构都剖切到时,可用两个或两个以上相互平行的剖切平面剖开形体,所得到的剖面图称为阶梯剖面图。

如图 5-19 所示的形体,前后有两个位置不同、形状各异的孔洞,如果用一个与 V 面平行的平面剖切,1-1 剖面图只能剖切到一个孔。因此采用两个有转折且互相平行的 V 面作为剖切平面,两个 V 面分别过方形孔和圆形柱孔的轴线,并将形体完全剖开,其剩余部分的正面投影就是阶梯剖面图。

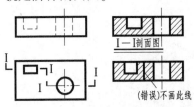

图 5-19 形体的阶梯剖面图

（2）适用范围。阶梯剖面图适用于表达内部结构不在同一平面的形体。

（3）注意事项。

①为了反映形体上各内部结构的实形,阶梯剖面图中的几个平行剖切平面必须平行于某一基本投影面。

②一般在剖切平面的转折处用粗短线表示剖切平面的转折方向并标注剖切编号,但视图的线条不多、图形比较简单,在不至于产生误读的情况下,也可不标注转折处的剖切编号。

③剖切是假设的,因此剖切平面转折处由剖切平面形成的交线（即分界线）是不存在的,所以由剖切平面形成的交线不画,如图 5-19 所示。

④转折位置应避免与图形轮廓线重合,也应避免出现内部结构中孔洞的不完整投影。

5. 旋转剖面图

（1）形成。用两相交的剖切平面(交线垂直于某一基本投影面)剖开形体,并将倾斜于基本投影面的剖切面旋转到与投影面平行的位置后再进行投影,所得到的剖面图称为旋转剖面图。

如图 5-20 所示的检查井,用相交于检查井轴线的正平面和铅垂面作为剖切面,沿两个水管的轴线把检查井切开,再将左边铅垂面剖到的图形绕检查井铅垂轴线旋转到正平面位置,并与右侧正平面剖到的图形一起向 V 面投影,便得到图 5-20 所示的 1-1 旋转剖面图和 2-2 阶梯剖面图。

图 5-20 检查井的旋转剖面图和阶梯剖面图

（2）适用范围。旋转剖面图适用于内部结构形状仅用一个剖切面不能完全表达,且具有较明显的主体回旋轴的形体。

（3）注意事项。

①两剖切平面交线一般应与所剖切形体的回旋轴重合,但在旋转剖面图上不应画出交线。

②画旋转剖面图时,应先剖切,后旋转,然后投影。

6. 展开剖面图

（1）形成。用曲面或平面与曲面组合而成的铅垂面作为剖切平面，沿形体的中心线剖切，再把剖切平面展开或拉直，使之与基本投影面平行，再进行投影，所得到的剖面图称为展开剖面图。

如图 5-21 所示的匝道曲线桥，剖切面是沿匝道曲线桥设计线的铅垂面，然后展开投影而得到的展开剖面图。

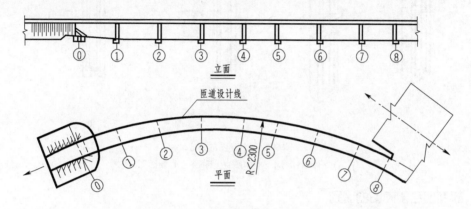

图 5-21　匝道曲线桥的展开剖面图

（2）适用范围。展开剖面图适用于道路路线、轨道线路、铁道线路等的纵断面及带有弯曲结构的工程形体。

（3）注意事项。画展开剖面图时，应先剖切，后展开或拉直，最后投影。

第三节　断　面　图

一、断面图的形成

断面图就是用假想的剖切平面把形体剖开后，仅画出被剖切处截断面的形状，并在截断面内画上材料图案或剖面线，这样得到的图形称为断面图。

如图 5-22 所示的一根钢筋混凝土牛腿柱的剖面图和断面图。

二、断面图的标注

1. 剖切符号

断面图的剖切符号仅用剖切位置线表示，剖切位置线用粗实线绘制，长度为 6～10mm。

2. 剖切符号的编号

断面图的剖切符号要进行编号，用阿拉伯数字或拉丁字母按顺序编号，注写在剖切位置线的同一侧，数字所在的一侧就是投影（剖视）方向。如图 5-22d）所示 1-1 断面和 2-2 断面表示的投影方向都是由上向下。

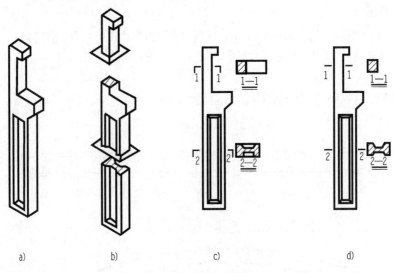

图 5-22　断面图的形成

a) 立体图；b) 剖切立体图；c) 剖面图；d) 断面图

三、断面图和剖面图的区别

1. 表达的对象不同

断面图只画出被剖切到的断面的实形,即断面图是"面"的投影;剖面图是将被剖切到的断面连同断面后面剩余形体一起画出,是"体"的投影。如图 5-22c) 和 5-22d) 所示,很明显断面图是剖面图的一部分。

2. 标注不同

断面图的剖切符号只画剖切位置线,而不画投影(剖视)方向线,剖切符号编号的注写位置表示了投影方向;剖面图既要画剖切位置线,也要画投影(剖视)方向线。

3. 剖切平面的形式不同

断面图的剖切平面只能用单一的剖切平面来剖切;而剖面图的剖切平面可采用多个平行带转折的剖切平面来剖切。

4. 表达的内容不同

断面图表达的是形体中某一断面的形状和结构;而剖面图表达的是形体的内部形状和结构。

四、断面图的分类

1. 移出断面图

绘制在被剖切视图的轮廓线外面的断面图,称为移出断面图。图 5-22d) 所示的钢筋混凝土牛腿柱身形状的 1-1、2-2 的两个断面图都是移出断面图。

移出断面图的轮廓线用粗实线绘制,断面上要表 5-1 的图例填充,材料不明时可用 45°的剖面线来代替。移出断面图一般应标注剖切位置、投影方向和断面名称,图5-22d)所示的1-1断面图和2-2断面图。

移出断面图可画在剖切平面的延长线上或其他任何适当位置。当断面图形对称,则只需用细单点长画线表示剖切位置,不需进行其他标注,如图5-23a)所示。若断面图画在剖切平面的延长线上时,可不标注断面名称,如图5-23b)所示。

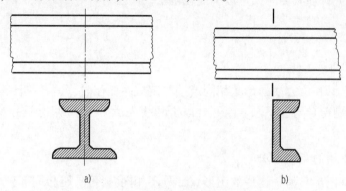

图5-23 工字钢、槽钢的移出断面图

a)工字钢的移出断面图;b)槽钢的移出断面图

也可以将断面图绘制在视图轮廓线的中断处,等截面的长构件就适合这样表示,如图5-24所示的槽钢和工字钢梁的断面图。中断处画的断面图轮廓线用粗实线绘制,视图的中断处用波浪线或折断线绘制,不需要标注剖切符号和编号。

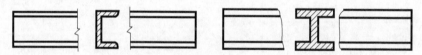

图5-24 槽钢、工字钢的中断断面图

2.重合断面图

绘制在视图轮廓线内的断面图,称为重合断面图。适用于截面形状简单的构件或表面凹凸起伏的构件。

重合断面图不需要标注剖切符号和编号。为了避免重合断面与视图轮廓线相混淆,若断面图的轮廓线是封闭的线框,则重合断面图的轮廓线用细实线绘制,如图5-25所示角钢的重合断面图。

若断面图的轮廓线不是封闭的线框,则重合断面图的轮廓线比视图的轮廓线还要粗,并在断面图的范围内,沿轮廓线边缘加画45°的细实线,如图5-26所示墙壁装饰的重合断面图。

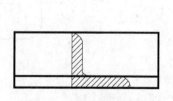

图5-25 角钢的重合断面图

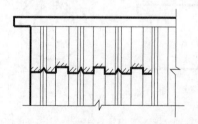

图5-26 墙壁装饰的重合断面图

第四节　图样的简化画法及其他表达方法

在不影响生产和表达形体完整性的前提下,工程图样的简化画法能够节省绘图时间和图纸空间,制图标准允许在必要时采用以下简化画法。

一、省略画法

1. 折断省略画法

当构件较长且沿长度方向的形状相同或按一定规律变化时,可采用折断画法,即只画构件的两端,将中间折断部分省去不画。断开处以折断线表示,构件的尺寸应按原构件长度标注,如图 5-27 所示。

2. 构件局部不同的省略画法

所绘制的构件图形与另一构件的图形仅部分不相同时,可省略相同部分,只画另一构件不同的部分,并用连接符号表示相连,两个连接符号应对准在同一线上,如图 5-28 所示。

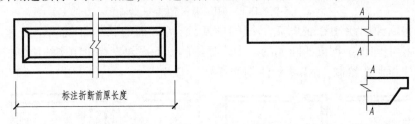

图 5-27　折断省略画法　　　　　　　图 5-28　构件局部不同的省略画法

3. 相同要素的省略画法

形体内有多个完全相同且连续排列的构造要素,可在两端或适当位置只画少数几个要素的完整形状,其余部分用中心线或中心线交点来表示,并注明要素总量,如图 5-29a)、b)、c)所示。

若形体内有多个完全相同但不连续排列的构造要素,可在适当位置画出少数几个要素的完整形状,其余部分应在相同要素位置的中心线交点处加注小黑点表示,并注明要素总量,如图 2-29d)所示。

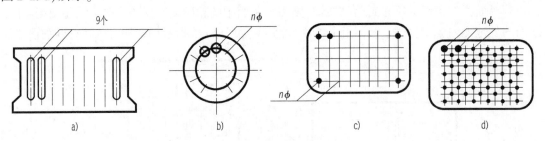

图 5-29　相同要素的省略画法

a)~c)用中心线表示相同要素;d)用小黑点表示相同要素

二、对称图形的画法

1. 画对称符号的对称图形

对称形体的视图有一条对称轴线,可只画该视图的一半,但必须画出对称轴线,并加上对称符号。对称符号用等长、等距的两条垂直于对称轴线的细实线绘制,长度为 6～10mm,间距为 2～3mm。如图 5-30a)所示。

若对称形体的视图有两条对称轴线,则只画该视图的 1/4,也要画出对称轴线,并加上对称符号。如图 5-30b)所示。

2. 不画对称符号的对称图形

对称形体的视图有一条对称轴线,也可画成略大于一半视图,然后在折断处加上波浪线或折断线,此时可不画对称符号,但必须画出对称轴线,如图 5-31 所示。

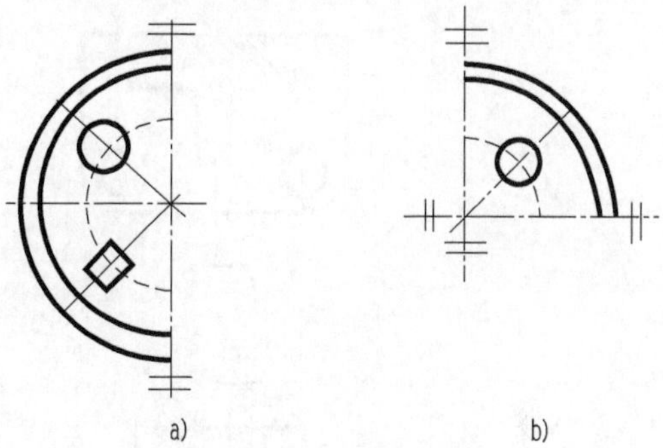

a)　　　　　　　　　　　　　　b)

图 5-30　对称图形的省略画法
a)省略 1/2 的对称图形;b)省略 1/4 的对称图形

三、同一构件的分段画法

同一构件如绘制的位置不够时,可分段绘制,在分段处用连接符号表示相连。连接符号应以折断线表示连接的部位,并以折断线两端靠图样的一侧注写相同字母编号,如图 5-32 所示。

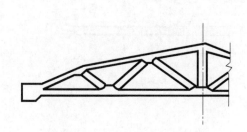

图 5-31　不画对称符号的对称图形

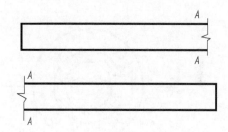

图 5-32　同一构件的分段画法

四、肋板的画法

有的形体上还有肋板、轮辐和薄壁等结构,如果纵向剖切,这些结构不填充剖面符号,而用粗实线将它们与相邻结构分开,如图 5-33 中左立面剖面图所示;如果横向剖切,这些结构要填充剖面符号,如图 5-33 中 1-1 剖面图所示。

五、假想画法

在剖面图上为了表示已切除部分的某些结构,可用双点划线在相应的投影图上绘制,如图 5-34a)所示。某些弯曲成型的形体,如需要可用双点划线绘制其展开形式,以表达弯曲前的形状和尺寸,如图 5-34b)所示。

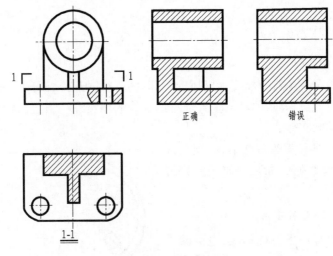

正确　　　错误

图 5-33　肋板的画法

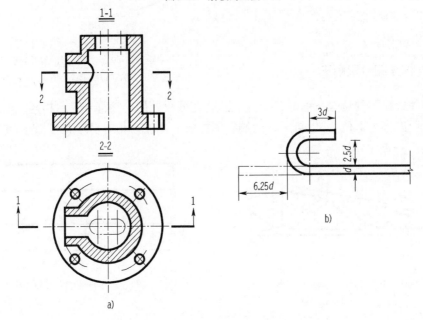

a)

b)

图 5-34　假想画法

a)部分切除结构的假想画法；b)弯曲形体的假想画法

复习思考题

1.剖面图是怎样形成的？如何标注剖面图？剖面图有哪些种类？

2.断面图是怎样形成的？如何标注断面图？断面图有哪些种类？

3.剖面图与断面图有什么不同？

4.剖面图、断面图、三视图在工程形体的表达上有哪些异同点？怎样才能完整准确地表达出一个工程形体？

5.图样有哪些简化画法？

第六章 铁路线路工程图

学习目标

1. 了解高程投影的形成原理和点、线、面高程投影。

2. 熟悉铁路线路图的基本知识。

3. 掌握简单的线路平面图和纵断面图的读图。

第一节 高程投影

铁路、桥梁等建筑物是在地面上修建的,它们与地面的形状有着密切的关系。由于地形面起伏形状复杂,而且水平方向的尺寸比高度方向的尺寸大得多,若采用正投影法难以表达清楚,常采用高程投影法来表示地形面。即在平面图上加注形体上特征点、线、面的高程(即高程),以高程数字代替立面图的作用,这种投影方法更适合表达地形面,称为高程投影。如图6-1a)是四棱台两面投影图,若采用高程投影图(图 6-1b)标注出其上、下底面的高程数值2.000 和0.000,只用一个水平投影就可以完全确定这个四棱台。图6-1b)斜面上画出示坡线,是为了增强图形的立体感;并给出绘图比例或画出图示比例尺。

高程投影图包括水平投影、高程数值、绘图比例三要素。

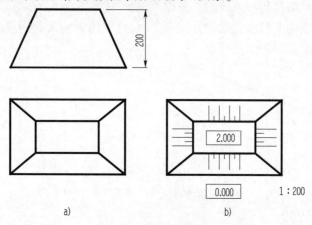

图6-1 四棱台的投影图

a)两面投影图;b)高程投影图

高程是以某水平面作为计算基准的,一般规定基准面高程为零,基准面以上高程为正,基

93

准面以下高程为负。在工程图中一般采用与测量一致的基准面(即青岛市黄海平均海平面),以此为基准标出的高程称为绝对高程,以其他面为基准标出的高程称为相对高程。高程的常用单位是米(m),一般不需注明。

一、点的高程投影

如图 6-2a)所示,首先选择水平面 H 为基准面,规定其高程为零,点 A 在 H 面上方 3m,点 B 在 H 面下方 2m,点 C 在 H 面上。若在 A、B、C 三点水平投影的右下角注上其高程数值 3、-2、0,再加上图示比例尺,就得到了 A、B、C 三点的高程投影,如图 6-2b)所示。

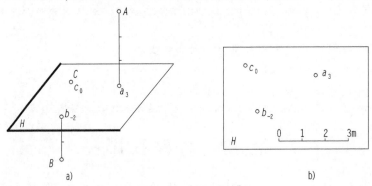

图 6-2　点的高程投影
a)原理图;b)高程投影图

二、直线的高程投影

1. 直线高程投影的表示方法

直线的空间位置可由直线上的两点或直线上的一点及直线的方向来确定,相应的直线在高程投影中也有两种表示方法:

(1)用直线上两点的高程和直线的水平投影表示,如图 6-3a)所示。

(2)用直线上一点的高程和直线的方向来表示,直线的方向规定用坡度和箭头表示,箭头指向下坡方向,如图 6-3b)所示。

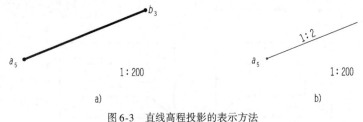

图 6-3　直线高程投影的表示方法
a)两点高程表示直线;b)一点高程表示直线

2. 直线的坡度和平距

直线上任意两点间的高差与其水平投影长度之比称为直线的坡度,一般用 i 来表示。如图 6-4a)所示,直线两端点 A、B 的高差为 $\triangle H$,其水平投影长度为 L,直线 AB 对 H 面的倾角为 α,则得:

$$坡度 \; i = \frac{高差 \; \Delta H}{水平投影长度 \; L} = \tan\alpha$$

如图6-4b)所示,直线 AB 的高差为1m,其水平投影长4m(用比例尺在图中量得),则该直线的坡度 $i = 1/4$,常写为 1:4 的形式。

在以后作图中还常常用到平距,平距用 l 表示。直线的平距是指直线上两点的高度差为1m时水平投影的长度数值。即:

$$平距 \; l = \frac{水平投影长度 \; L}{高差 \; \Delta H} = \cot\alpha$$

由此可见,平距与坡度互为倒数(即 $i = \dfrac{1}{l}$),它们均可反映直线对 H 面的倾斜程度。坡度越大,平距越小;反之,坡度越小,平距越大。

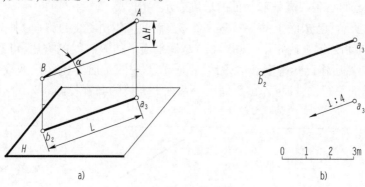

图6-4　直线的高程投影
a)坡度;b)坡度计算实例

三、平面的高程投影

1.平面的等高线和坡度线

某个面(可以是平面、曲面或地形面)上的等高线是该面上高程相同的点的集合,也可看成是水平面与该面的交线。

平面上的等高线就是平面上的水平线,如图6-5a)中的直线 BC、Ⅰ、Ⅱ、…。它们是平面 P 上有一组互相平行的直线,其投影也相互平行;当相邻等高线的高差相等时,其水平距离也相等,如图6-5b)。图中相邻等高线的高差为1m,它们的水平距离即为平距 l。

坡度线就是平面上对 H 面的最大斜度线,如图6-5a)中直线 AB,它与等高线 BC 垂直,它们的投影也互相垂直,即 $ab \perp bc$。坡度线 AB 对 H 面的倾角 α 就是平面 P 对 H 面的倾角,因此坡度线的坡度就代表该平面的坡度。

2.平面的表示方法

在高程投影中,平面常采用以下几种方法表示:

(1)等高线表示法。

在实际应用中,一般采用高差相等、高程为整数的一系列等高线来表示平面,并把基准面 H 上的等高线,作为高程为零的等高线,如图6-5所示,当高差相同时,等高线间距也相等。

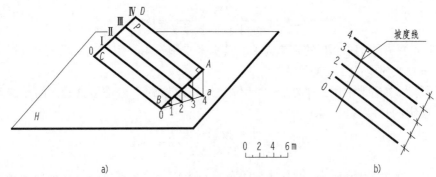

图 6-5 平面上的等高线

a) 原理图;b) 高程投影图

(2) 用平面上的一条等高线和平面的坡度表示平面。

如图 6-6a) 所示,已知面上的一条等高线 3,就可定出坡度线的方向,由于平面的坡度已知,该平面的方向和位置就确定了。图 6-6c) 是做平面上的等高线的方法,可利用坡度求得等高线的平距为 2,然后作已知等高线的垂线,在垂线上按图中所给比例尺截取平距,再过各分点作已知等高线的平行线,即可作出平面上一系列等高线的高程投影。

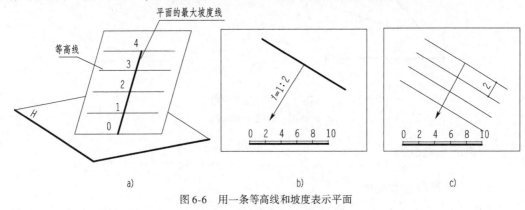

图 6-6 用一条等高线和坡度表示平面

a) 立体图;b) 表示方法;c) 作等高线

(3) 用平面内的一条倾斜线和该平面的坡度表示。

如图 6-7 所示,为一高程为 8m 的水平场地及一坡度为 1:3 的斜坡引道,斜坡引道两侧的倾斜平面 ABC 和 DEF 的坡度均为 1:2,这种倾斜平面可由平面内一条倾斜直线的高程投影加上该平面的坡度来表示,如图 6-7b) 所示。图中 a_5b_8 旁边的箭头只是表明该平面向直线的某一侧倾斜,并非代表平面的坡度线方向,坡度线的准确方向需作出平面上的等高线后才能确定,所以用细虚线表示。如图 6-7c) 所示,表示上述平面上等高线的作法。

3. 平面与平面的交线

在高程投影中,两平面相交产生一条交线,可利用辅助平面法求两平面的交线。通常采用水平面作为辅助面,如图 6-8b) 所示,水平辅助面与 P、Q 两平面的交线是高度为 3 和 4 的两条等高线,两等高线的交点就是两平面的共有点,连接 a_3、b_4 两点,就得到了两平面的交线。

在工程中,把构筑物相邻两坡面的交线称为坡面交线,坡面与地面的交线称为坡脚线(填方边坡)或开挖线(挖方边坡)。倾斜坡面可以用长短相间的细实线图例来表示(图 6-1b),

这种细实线图例即为示坡线,它与等高线垂直,用来表示坡面,短线画在高的一侧。

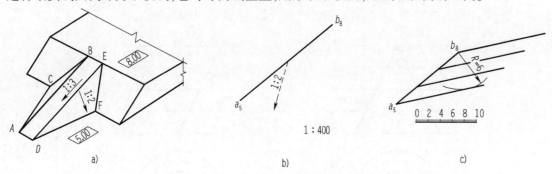

图6-7　用非等高线和坡度倾向的方法表示平面
a)立体图;b)表示方法;c)作等高线

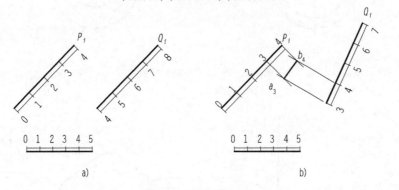

图6-8　两平面相交
a)平行;b)相交

四、曲面的高程投影

1. 正圆锥面

正圆锥面的高程投影也是用一组等高线和坡度线来表示的。正圆锥面的素线是锥面上的坡度线,所有素线的坡度都相等。正圆锥面上的等高线即圆锥面上高程相同点的集合,用一系列等高差水平面与圆锥面相交即得,是一组水平圆。将这些水平圆向水平面投影并注上相应的高程,就得到锥面的高程投影。图6-9a)和b)所示是正圆锥面等高线的高程投影,其等高线的高程投影有如下特性:

(1)等高线是同心圆。

(2)高差相等时,等高线间的水平距离相等。

(3)当圆锥面正立时,等高线越靠近圆心其高程数值越大,如图6-9a)所示;当圆锥面倒立时,等高线越靠近圆心其高程数值越小,如图6-9b)所示。

在土石方工程中,常将建筑物的侧面做成坡面,而在其转角处作成与侧面坡度相同的圆锥面,如图6-10所示。

2. 地形面

地形面是一个不规则曲面,在高程投影中仍然是用一系列等高线表示。假想用一组高差相等的水平面切割地形面,截交线即是一组不同高程的等高线,如图 6-11 所示,画出等高线的水平投影,并标注其高程值,即为地形面的高程投影,通常也叫地形图。

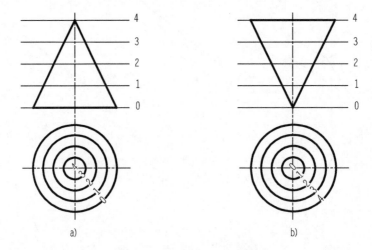

图 6-9　正圆锥面的高程投影图

a)正立圆锥;b)倒立圆锥

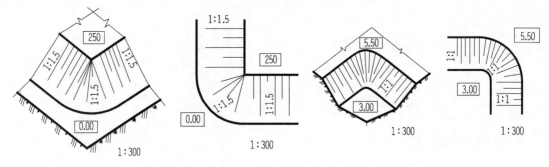

图 6-10　圆锥面应用实例

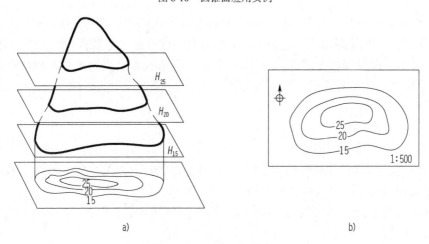

图 6-11　地形图的高程投影

a)形成示意图;b)高程投影图

地形图有下列特性：

（1）其等高线一般是封闭的、不规则的曲线。

（2）等高线一般不相交（除悬崖、峭壁外）。

（3）同一地形内，等高线的疏密反映地势的陡缓——等高线愈密地势愈陡，等高线愈稀疏地势愈平缓。

（4）等高线的高程数字，字头都是朝向地势高的方向。

（5）地形图的等高线能反映地形面的地势地貌情况。

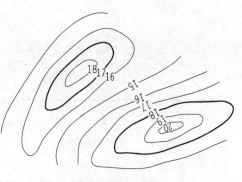

图 6-12　地形等高线

如图 6-12 所示，在一张完整的地形等高线图中，为了方便看图，一般每隔四条等高线，要加粗一条等高线，这样的中粗等高线称为计曲线。其余不加粗的等高线称为首曲线。

表 6-1 为在地形图上典型地貌的特征。

典型地貌在地形图上的特征

表 6-1

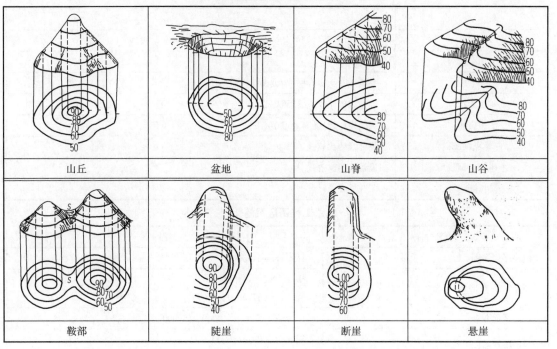

山丘	盆地	山脊	山谷
鞍部	陡崖	断崖	悬崖

第二节　铁路线路工程图的基础知识

铁路线路工程图主要包括线路平面图和线路纵断面图。如图 6-13 所示，在铁路线路工程图中，一条铁路是以横断面上距外轨半个轨距的铅垂线 AB 与路肩水平线 CD 的交点 O 在纵向的连线来表示的。O 点的纵向连线即为铁路的中心线，也称线路的中线。

线路的空间位置是用线路的中线在水平面及铅垂面上的投影来表示的。线路中线在水平面上的投影，叫做线路平面图，表示线路平面位置。线路中线在铅垂剖面上的投影，叫做线路

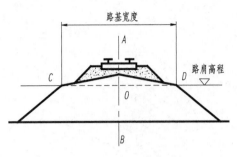

图 6-13 路基横断面图

纵断面图,表示线路起伏情况,其高程为路肩高程。由于各种地形、地物和地质条件的限制,线路平面图主要由直线和曲线段组成,线路纵断面图主要由平坡、上坡、下坡和竖曲线组成。因此,从整体上看,线路中线是一条曲直起伏的空间曲线,其平面弯曲和竖向起伏都与地面形状紧密相关。

线路平面图和线路纵断面图是铁路设计的基本文件。在不同的设计阶段,由于要求和用途不同,因此图样的内容、格式和详细程度也不同。各种平、纵面图的绘制都有标准的格式和要求,具体可参照原铁道部颁布的《铁路工程制图标准》(TB/T 10058—98)和通用图《铁路线路图示》(专线 185—0006)。

线路工程图采用的各种线型应符合表 6-2 的规定,线路工程图选用的比例应符合表 6-3 的规定。

线路工程图中各种线型的用途　　　　　　　　　　　表 6-2

名　　称	用　　途
粗实线	设计线(新建、改建、增建第二线及单、双绕行线)、坡度线
中实线	既有线
细实线	导线、切线、坐标网线、地面线、标注线
粗虚线	设计线的比较线、隧道中心线
中虚线	预留设计线、既有隧道中心线
粗点画线	设计线的比较线
粗双点画线	设计线的比较线
折断线	断开界线

线路工程图选用的比例　　　　　　　　　　　表 6-3

设计图名称	比 例 尺
线路平面缩图	1:50000 ~ 1:500000
线路纵断面缩图	横:1:50000 ~ 1:500000 竖:1:1000;1:2000;1:5000
线路平面图	1:2000;1:5000;1:10000;1:50000
线路纵断面图	横:1:10000 ~ 1:50000 竖:1:500;1:1000
线路详细纵断面图	横:1:10000 竖:1:500;1:1000
线路方案平面缩图	1:50000 ~ 1:200000
简明纵断面图	横:1:50000 ~ 1:100000 竖:1:1000;1:5000;1:10000
既有线放大纵断面图	横:1:10000 竖:1:100;1:200

设计图名称	比 例 尺
通过正式运营列车便线线路平面图	1:2000;1:5000
通过正式运营列车便线线路详细纵断面图	横:1:10000 竖:1:1000
改移道路及平(立)交道设计平面图	1:500～1:5000
改移道路及平(立)交道设计纵断面图	横:1:1000～1:10000 竖:1:500;1:1000

小贴士

为了明显地反映出线路方向地面沿线起伏的变化情况,竖向比例尺是横向比例尺的10倍。

第三节　线路平面图

线路平面图是指在绘有初测导线和坐标网的大比例带状地形图上绘出线路平面并标出有关资料的平面图。线路平面图主要用于表示线路的位置、走向、长度、平面线形(直线和左、右弯道曲线)和沿线路两侧一定范围内的地形、地物状况。

在带状地形图上,用粗实线画出设计线路中心线,以此表示线路的水平状况及长度里程,但不表示线路的宽度,如图6-14所示。

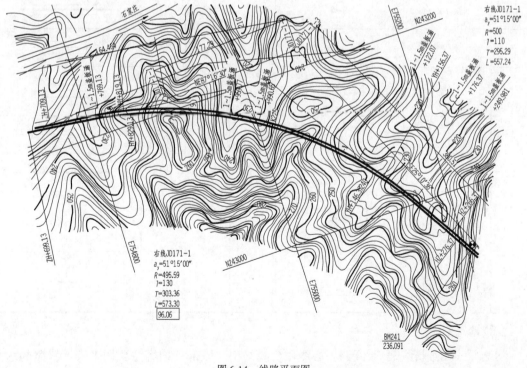

图6-14　线路平面图

1.地形部分

线路平面图中的地形部分是线路布线设计的客观依据,应包括以下内容:

(1)绘图比例。为了清晰合理地表达图样,不同的地形应采用不同的比例尺。一般在山岭地区采用 1:2000,在丘陵和平原地区采用 1:5000。

(2)指北针和坐标网表示线路所在地区的方位和走向。

图 6-14 采用的坐标网即测量坐标网,是由沿南北和东西方向间距相等的两组平行细实线构成相互垂直的方格网,并将坐标数值标注在网格通线上,字头朝数值增大方向,单位为 m。坐标值表示网线的位置,通过两网线的交点确定点的平面位置。

(3)地形地貌。地形的起伏变化状况用等高线来表示。如图 6-14 所示,图中每两根等高线之间的高差为 2m,每隔四条等高线画出一条粗等高线,称为计曲线,并标有相应的高程数值。等高线越密集,地势越陡峭;等高线越稀疏,地势越平坦。

(4)地物。常见的地物有河流、房屋、道路、桥梁、电力线、植被以及供测量用的导线点、水准点等。地物应用统一的图例来表示(如表 6-4 所示)。桥梁、隧道、车站等建筑物还要在图中标注其所在位置的中心里程、类型、大小和长度等,如有改移道路、河道时,应将其中线绘出。

线路平面图常用图例   表 6-4

序号	名　称	图　例	序号	名　称		图　例
1	平面高程控制点		8	大、中桥	既有	
2	铁路水准点				设计	
3	导线点		9	小桥	既有	
4	河流				改建	
5	高压电线 低压电线		10	隧道	既有	
6	普通房屋				设计	
7	断链标	长链　105.26 短链　89.81	11	涵洞	既有	
					改建	

2.线路部分

初测导线用细折线表示,线路中心线用粗线画出。该部分内容主要用来表示线路的水平走向、里程及平面要素等。

（1）线路的走向。图6-14中线路的走向为西北至东南。

（2）线路里程及百米标。为表示线路的总长度及各路段的长度，在线路上从起点到终点每隔1km设千米标一个。千米标里程前的符号初步设计用CK，施工设计用DK，可行性研究用AK。千米标中间整百米处设百米标，数字标注在线路右侧，面向线路起点书写。

（3）平曲线。铁路线路在平面图上是由直线段和曲线段组成的，在线路的转折处应设平曲线。如图6-15所示，铁路曲线包括圆曲线和缓和曲线。在曲线段，主要的参数有五个，分别是曲线偏角 $\alpha(°)$、曲线半径 $R(\mathrm{m})$、切线长度 $T(\mathrm{m})$、曲线长度 $L(\mathrm{m})$ 和外距 $E(\mathrm{m})$，这五个要素称为曲线五要素。铁路曲线上，有六个点是控制曲线位置的重要点，分别是两直线段的交点（JD）、第一缓和曲线起点即直缓点（ZH）、第一缓和曲线终点即缓圆点（HY）、圆曲线中点（QZ）、第二缓和曲线起点即圆缓点（YH）和第二缓和曲线终点即缓直点（HZ）。这六个控制点在线路平面图中应当明确标注出来，并标明该点的里程。

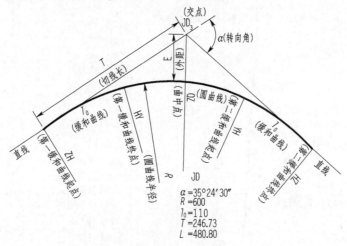

图6-15　平曲线要素

第四节　线路纵断面图

铁路线路是根据地形而设计，而地形起伏曲折，变化很大，要画出清晰的线路正立面图是不可能的。因此以线路纵断面图来代替一般图示中的正立面图。将线路沿中心线剖开，正对着剖切面看过去，把所看到的线路中心线上地面高低变化情况及所设计的坡道、平道，用一定的比例尺把它画在纸上，就是线路纵断面图。

线路纵断面图是全局性的重要施工文件，在图上不但可以看出填挖方的情况，而且对桥涵、隧道、车站等主要工程可做全面的了解。现结合图6-16说明线路纵断面图的主要内容。

1. 线路纵断面图的图示特点

线路纵断面图的横向表示线路的里程，纵向表示地面线、设计线的高程。

线路纵断面图包括图样和资料表两部分，一般图样位于图纸的上部，资料表布置在图纸的下部，且两者应严格对正。

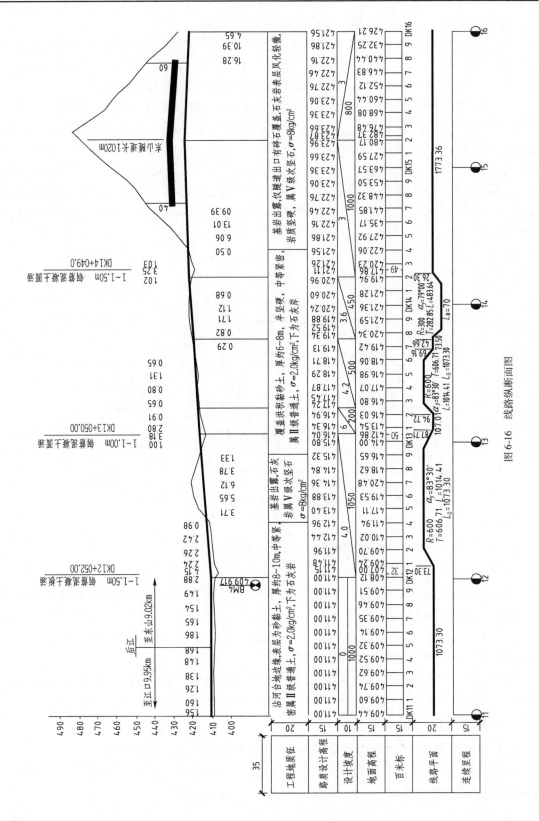

图 6-16 线路纵断面图

2. 线路纵断面图的图示内容

(1)图样部分。

①绘图比例。横向1:10000,竖向1:500或1:1000。为了便于画图和读图,一般应在纵断面图的左侧按竖向比例画出高程标尺。

②地面线。用细实线画出的折线表示设计中心线处的地面线,由一系列的中心桩的地面高程顺次连接而成。

③设计线。粗实线为线路的设计坡度线,简称设计线,由直线段和竖曲线组成。设计线是根据地形起伏按相应的线路工程技术标准而确定的。

④竖曲线。设计线的纵向坡度变更处称为变坡点。在变坡点处,为确保车辆的行驶安全和平顺而设置的竖向圆弧称为竖曲线。竖曲线分为凸形竖曲线和凹形竖曲线两种,在图中分别用"⌐⌐"和"⌐⌐"符号表示,并在其上标注竖曲线的半径 R、切线长 T 和外距 E。

⑤构造物和水准点。铁路沿线如设有桥梁、涵洞等构造物,应在设计线的上方或下方用竖直引出线标注,并注释构造物的名称、种类、大小和中心里程桩号。沿线设置的测量水准点应标注其编号、高程及位置。

(2)资料表部分。

为了便于阅读,资料表与图样应上下对齐布置,不能错位。资料表的内容可根据不同设计阶段和不同线路等级的要求而设置,通常包括以下内容:

①地质概况。根据实测资料,按沿线工程地质条件分段,简要说明地形、地貌、地层岩性、地质构造、不良地质挖方边坡率、路基承载能力、隧道围岩分类和主要处理措施。

②里程桩号。沿线各点的桩号是按测量的里程数值填入的,单位为 m,从左向右排列。在线路整桩号之间,需要在线形或地形变化处、沿线构造物的中心或起终点处加设中桩,即为加桩。一般对于平、竖曲线的各特征点,水准点,桥、涵、隧、车站的中心点以及地形突变点,需增设桩号。

③坡度/坡长。标注设计线各段的纵向坡度和该段的长度。表格中的对角线表示坡度方向,左下至右上表示上坡,左上至右下表示下坡,坡度和距离分注在对角线的上下两侧。

④高程。表中有设计高程和地面高程两栏,高程与图样相互对应,分别表示设计线和地面线上各点(桩号)的高程。

⑤填挖高度。填挖的高度值是指各点(桩号)对应的设计高程与地面高程之差的绝对值。

⑥平曲线。平曲线栏表示该路段的平面线形。该栏用"——"表示直线段;用"╱▔▔╲"和"╲▁▁╱"或"⌐⌐"和"⌐⌐"四种图样表示平曲线段,前两种表示设置缓和曲线的情况,后两种表示只设圆曲线的情况。图样的凸凹表示曲线的转向,上凸表示右转曲线,下凹表示左转曲线。当路线的转折角小于规定值时,可不设平曲线,但须画出转折方向,"∧"表示右转弯,"∨"表示左转弯。

复习思考题

1. 点的高程投影应怎样表示?

2. 直线的高程投影有哪几种表示方法?

3. 线路工程图的平面图和纵断面图分别表示什么内容?

4. 为什么线路纵断面图的横向与竖向采用不同的比例尺?

第七章 建筑施工图

学习目标

1. 了解建筑施工图的主要内容和基本规定。
2. 了解建筑总平面图的图示方法和识读。
3. 掌握建筑平、立、剖、详图的图示方法、识读和绘制。

建筑施工图(简称施工图),表示建筑物的内部布置情况、外部形状以及装修、构造、施工、要求等。主要表示建筑物的内部布置情况、外部形状及装修、施工、要求等。包括建筑总平面图、建筑平面图、建筑立面图、建筑剖面图及建筑详图。图7-1为一房屋的建筑施工图,本章主要介绍这些图样的读法和画法。

一套完整的施工图,一般是按先整体后局部,先大体后细部的顺序绘制的。读图时,也应按先整体后局部,先文字说明后图样,先图形后尺寸的原则依次进行,先看图纸目录和设计说明,再按建筑施工图、结构施工图和设备施工图的顺序进行阅读。对于建筑施工图来说,先平面图、立面图、剖面图,后详图,并将这些图样互相联系并反复多次才能完全读懂。

第一节 建筑施工图的基本规定

一、建筑施工图的基本规定

1. 建筑施工图的比例

由于房屋体形较大,施工图常用缩小比例绘制,常用1:100、1:200绘制平面、立面、剖面图表达房屋内外的总体形状;用1:50、1:20、…、1:1绘制某些房间布置、构配件详图和局部构造详图。具体图样比例的选用见表7-1。

图样的比例 表7-1

图 名	常 用 比 例	备 注
总平面图	1:500,1:1000,1:2000	
平面图、立面图、剖面图	1:50,1:100,1:200	
详图	1:1,1:2,1:5,1:10,1:20,1:30,1:25,1:50	1:25 仅适用于结构构件详图

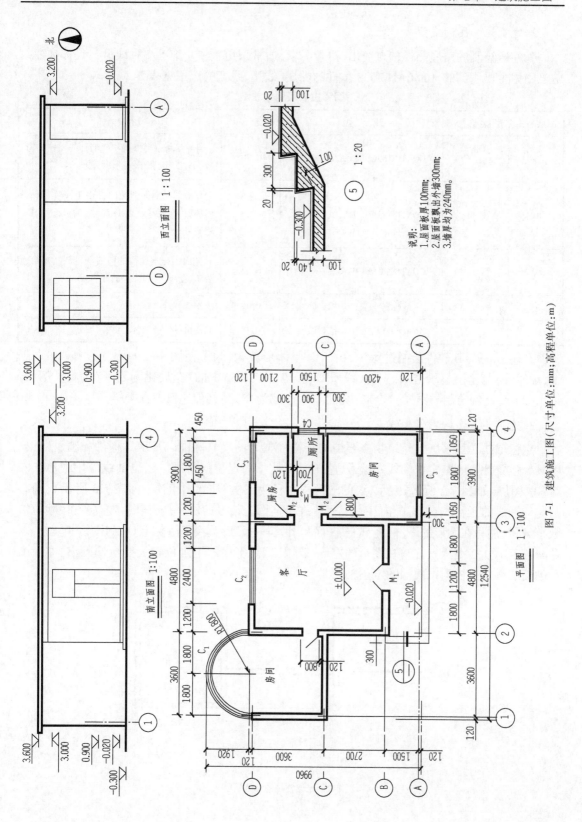

图 7-1　建筑施工图（尺寸单位：mm；高程单位：m）

说明：
1. 屋面面板厚100mm；
2. 屋面面板飘出外墙300mm；
3. 墙厚均为240mm。

西立面图　1：100

南立面图　1:100

平面图　1：100

北

107

2. 建筑施工图的线型

为使所绘制的房屋图样重点突出、清晰明了,通常采用粗、中、细等多种线型。具体在建筑施工图中主要用到的 AutoCAD 2008 软件的图层、线型、线宽的选用见表7-2。

图样主要用到的线型   表7-2

图层名称	颜色(色号)	线 型	线宽(mm)	用 途
0	白 (7)	CONTINUOUS(粗实线)	0.70	外轮廓线、剖到的墙身、剖到的墙柱和窗台、平、立、剖面图的剖切符号
01	红 (1)	CONTINUOUS(细实线)	0.18	立面图与剖面图的门窗格子、平面图的门和窗、剖面符号、标注尺寸、索引符号、高程符号
02	青 (4)	CONTINUOUS(中实线)	0.35	立面图与剖面图的门窗洞、墙柱、窗台、台阶、勒脚、平面图门的开启线
03	绿 (3)	ACAD_ISO04W100(细点画线)	0.18	轴线、对称线
04	黄 (2)	ACAD_ISO02W100(细虚线)	0.18	不可见轮廓线、图例线

在用 AutoCAD 软件绘制过程中,由于房屋体形较大,为了使图中一些不连续线(如点画线、虚线等)与全图显示谐调,应将"线型管理器"(图2-16)中的"全局比例因子"调大。例如:采用1:100 比例绘制的图样,"全局比例因子"应改为"35",其他比例以此类推。

3. 建筑施工图的定位轴线

定位轴线是用来确定建筑物主要结构及构件位置的尺寸基准。凡承重构件如墙、柱、梁、屋架等位置都要画上定位轴线并编号,施工时以此作为定位的基准。定位轴线应用细单点画线(03 图层,如表7-2 所示)表示,线的端部画直径为细实线圆(01 图层,如表7-2 所示),圆心与定位轴线的延长线对齐,圆内注写编号。在平面图上编号的次序是:横向自左向右用阿拉伯数字编写,注写在图形的下方;竖向自下而上用大写拉丁字母编写(除 I、O、Z 三个字母外,以免与数字 1、0、2 混淆),注写在图形的左侧(图 7-2)。平面图上定位轴线要全部画出,立面图和剖面图一般只需画出两端的定位轴线。

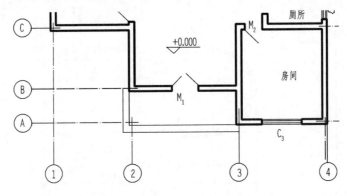

图7-2 定位轴线的编号顺序

4.高程注法

高程是表示建筑物各部分高度的另一种尺寸标注形式。高程符号为等腰直角三角形(图7-3a),长横线上(或下)可注写高程尺寸,单位为m,标注到小数点后三位数(总平面图可标注到小数点后两位)。在"01图层"(红色)绘制高程符号,高程三角形的高度为3mm,高程数字高度为3.5mm(图7-3b)。零点高程应注写为±0.000;正数高程不注写"+";负数高程应注写"-"。高程符号的尖端指向被注高度,尖端可以向下,也可以向上(图7-3c)。总平面图室外地坪高程符号用涂黑的三角形表示(图7-3d)。

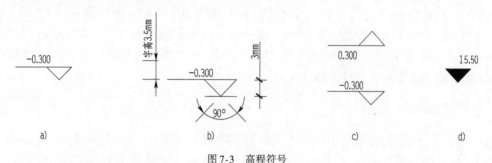

图7-3 高程符号

a)基本高程符号;b)高程符号和文字的字高;c)高程符号的尖端指向;d)总平面图的高程符号

5.索引符号与详图符号

图样中某一局部或构配件需要另见详图,应以索引符号索引,并在对应的详图下方绘制详图符号。

(1)索引符号。

详图索引符号用一细实线为引出线,指出要画详图的位置,在线的另一端画一个直径为10mm的圆(01图层,红色,细实线)。当索引的详图与被索引的图样在同一张图纸上时,应在索引符号的上半圆内写数字表示该详图的编号,下半圆内画一段水平细实线,如图7-4a)。当索引的详图与被索引的图样不在同一张图纸上时,应在索引符号的下半圆内用阿拉伯数字注明该详图所在图纸的图号,如图7-4b)。当索引的详图采用标准图,应在索引符号的引出线上加注该标准图册的编号,如图7-4c)。索引符号用于索引剖面详图,还应用粗实线绘制被剖切部位的剖切位置线,引出线所在的一侧为投影方向。如图7-4d)表示剖切后向上投影。

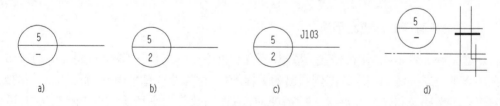

图7-4 详图的索引符号

a)详图与被索引图样在同一张图纸内;b)详图与被索引图样不在同一张图纸内;c)详图为标准图;d)剖切后向上投影

(2)详图符号。

详图符号为一直径为14mm的粗实线圆(0图层,白色)。图7-5a)表示该详图编号为5,详图与被索引的图样在同一张图纸上;图7-5b)表示该详图编号为"5",详图与被索引的图样不在同一张图纸上,而是在图号为"2"的图纸上。

6. 指北针和风玫瑰图

总平面图通常按上北下南方向绘制,根据场地形状或布局,可向左或向右偏转不超过45°。总平面图应画出指北针或风玫瑰图。

指北针通常放在图纸的右上角,用细实线(01 图层,红色)绘制直径为 24mm 的圆;指针尾部宽度为 3mm,指针头部应标注"北"或"N"(图 7-6)。

风玫瑰图(图 7-7)也叫风向频率玫瑰图,通常也放在图纸的右上角,由于该图形似玫瑰花朵,故得名。它是根据当地区多年平均统计的各个风向和风速的百分数值,按一定比例绘制的,一般多用八个或十六个罗盘方位表示。玫瑰图上所表示风的吹向(即风的来向),是指从外面吹向地区中心的方向。粗实线表示全年风向频率,细实线表示冬季 12、1、2 三个月风向频率,虚线表示夏季 6、7、8 三个月的风向频率。

二、常用建筑材料的图例

为了简化作图,建筑施工图中常用建筑材料的图例见表 6-1。房屋建筑图中,比例小于或等于 1:50 的平面图和剖面图,砖墙的图例不画斜线;比例小于或等于 1:100 的平面图和剖面图,钢筋混凝土构件(如柱、梁、板等)的图例可简化为涂黑。

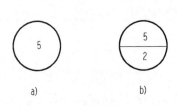

图 7-5　详图符号　　　　　　　　　图 7-6　指北针　　　图 7-7　风玫瑰图
a)详图与被索引图样在同一张图纸内;
b)详图与被索引图样不在同一张图纸内

第二节　建筑总平面图

一、建筑总平面图的形成和用途

将新建工程在一定范围内的新建、拟建、原有和拆除的建筑物、构筑物连同周围的地形、地物状况用水平投影方法和相应的图例画出的工程图样,称为建筑总平面图,简称总平面图或总图。它表明了新建筑物的平面形状、位置、朝向、高程以及与周围环境(如原有建筑物、道路、绿化等)之间的关系。因此,总平面图是新建建筑物施工定位和规划布置场地的依据,也是其他工种(如水、暖、电等)的管线总平面图规划布置的依据。

二、建筑总平面的图示方法

总平面所表示的范围较大,一般采用较小的比例(见表 7-1)。工程实践中,由于有关部门提供的地形图一般为1:500的比例,因此总平面图也常用1:500的比例。

总平面图的图形主要是以图例的形式表示,采用的是《总图制图标准》(GB/T 50103—2010)的规定,如图中采用不是标准中的图例,可应在总平面图下面加以说明。

应以含有±0.000高程的平面作为总平面图,图中标注的高程应为绝对高程。总平面图中坐标、高程、距离宜以米(m)为单位,并保留至小数点后两位。

三、识读建筑总平面图举例

图7-8为某住宅小区一角的总平面图,选用比例1:500。从图中风玫瑰图与等高线数值可知,该地区全年以东南风和北风为主导风向,该小区的地势是自西北向东南倾斜,并按上北下南方向绘制。

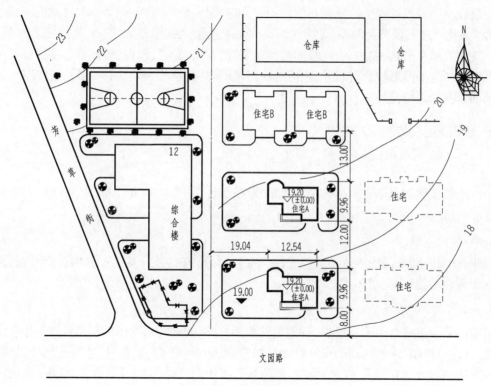

总平面图1:500

图7-8　某住宅小区一角的总平面图(尺寸单位:m)

本次新建两栋住宅A(粗实线表示),新建住宅为坐北朝南方向。北面是两栋原有住宅B(三层)、西面是综合楼、东北角是仓库(建有围墙)和西北面是篮球场,均为原有建筑(细实线表示),东南面虚线绘制的是计划扩建的住宅外形轮廓。新建住宅南面有名为"文园路"的道路,综合楼南面有一待拆的房屋。

新建住宅室内地坪的高程±0.000相当于绝对高程19.20m,室外地坪高程为18.90m。

由图中的尺寸标注可知,新建住宅A总长12.54m,总宽9.96m。新建住宅的位置可用与原建筑物或到道路中心线的定位尺寸或坐标确定,新建住宅西面离道路中心线为 19.04m,南面离道路边线为 8m,两幢新建住宅南北间距为 12m,新建住宅北南离原有住宅 B 为 13m。

第三节 建筑平面图

假想用一个水平的剖切平面沿门窗洞的位置将房屋剖开,移去上面部分,向水平投影面作正投影所得的水平剖面图称为建筑平面图,简称平面图。建筑平面图反映了建筑物的平面形状、大小和房间布置,包括墙体或柱的位置、厚度和材料,门窗的位置、开启方向等。建筑平面图右作为施工放线,砌筑墙、柱,门窗安装和室内装修及编制预算的重要依据。

图 7-1 为一单层房屋的建筑施工图。如果是多层建筑,每一楼层对应一个平面图,并在图中注明层数。当房屋各楼层的平面布置相同时,可共用一个平面图,称为标准层平面图或 $X \sim Y$ 平面图。此外还有屋顶平面图,是房屋顶面的水平投影。底层平面图(又称首层平面图)除表示建筑物的底层形状、大小、房间平面的布置情况、入口、走道、门窗、楼梯等的平面位置和数量以及墙或柱的平面形状和材料外,还应反映房屋的朝向、室外台阶、明沟、散水、花坛等,并注明建筑剖面图的剖切符号。

一、建筑平面图的图示方法

1.比例

平面图的比例应根据建筑的大小和复杂程度选定,常用 1:50、1:100、1:200 的比例,多用 1:100。

2.图例

由于比例较小,平面图中许多构造配件(如门、窗、孔道、花格)均不按真实投影绘制,而用规定的图例表示,具体见表 7-4。

3.图线

平面图实质上是剖面图,被剖切到的墙柱断面轮廓、剖面图与详图的剖切位置等用粗实线(0 图层,白色)绘制,未剖切到的可见轮廓线如窗台、台阶、楼梯、阳台、尺寸线与尺寸界线、高程符号等用细实线(01 图层,红色)绘制,门的开启线用中实线(02 图层,青色)绘制,定位轴线用细点画线(03 图层,绿色)绘制,具体见表 7-2。

4.定位轴线

定位轴线确定了房屋各承重构件的定位和布置,也是其他建筑构配件的尺寸基准线,必须按顺序编号标注。

5.尺寸与高程的标注

平面图的尺寸分为外部尺寸和内部尺寸。外部尺寸一般标注在平面图的下方和左方,分为三道:最外面一道是总尺寸,表示房屋的总长和总宽;中间一道是定位尺寸,表示房屋的开间和进深;最里面一道是细部尺寸,表示门窗洞、窗间墙、墙厚等细部尺寸。内部尺寸表示室内的门窗洞、墙厚、孔洞、柱和固定设备的大小及位置。

注写室内外地面的高程,表明该房屋、地面相对底层地面的零点高程(注写为 ±0.000)的相对高度。

二、识读建筑平面图举例

以图 7-1 的建筑施工图的平面图为例,主要的识读内容包括:

(1)由图可知平面图的比例为 1:100。

(2)根据图中指北针可知该房屋为坐北朝南朝向。

(3)该房屋总长 12.54m,总宽 9.96m,横向有 4 条轴线,纵向有 4 条轴线。

(4)该房屋的大门在南面,由大门进入客厅,东西两侧各有一个房间,一个厨房和一个厕所。

(5)图中门用 M 表示,窗用 C 表示,并分别用阿拉伯数字编号。编号相同说明门或窗的类型相同,编号不同说明门或窗的类型不同。具体门窗的型号、尺寸可查阅门窗表。例如西侧房间的半弧形窗用 C_1 表示,大门用 M_1 表示。中粗线表示了门的开启方向。

(6)各房间及客厅等地面的高程为 ±0.000,室外地坪高程比室内低 0.200m,正好做两步室外台阶,将室内外联系起来。

(7)有一处详图的剖切符号,反映室外台阶的详细尺寸。

三、绘制平面图举例

以图 7-1 的平面图为例,绘制过程如下:

1.绘制定位轴

建筑施工是以轴线为基准定位的,它决定了建筑的承重体系,一般是按柱网或主要墙体为基准进行布置的。参考图 7-1 平面图的尺寸,用直线命令绘制定位轴网,绘制结果如图 7-9 所示。

2.绘制墙体

参看图 7-1 下方的"说明"可知,墙体厚度均匀,采用多线绘制比较方便。具体步骤如下:

步骤一:设置多线的样式。单击下拉菜单"格式"→"多线样式",打开"多线样式"对话框,单击"新建"按钮,弹出"创建新的多线样式"对话框,新样式名为"WALL",单击"继续"按钮,弹出"新建

图 7-9　建筑平面图的定位轴网

多线样式:WALL"对话框,单击选中要修改的图元,将偏移量分别改为"120"和"-120",并勾选"起点"和"端点"为"直线"封口,单击"确定"完成。如图 7-10 所示。

步骤二:设置"0"图层(白色)为当前图层。绘制外围墙体。单击下拉菜单"绘图"→"多线",命令执行情况如下,绘制结果如图 7-11 所示。

步骤三:用"分解"命令将外围墙体、内部墙体进行分解。再用"修剪"命令将内、外墙体重叠部分修剪为如图 7-12 所示的效果。

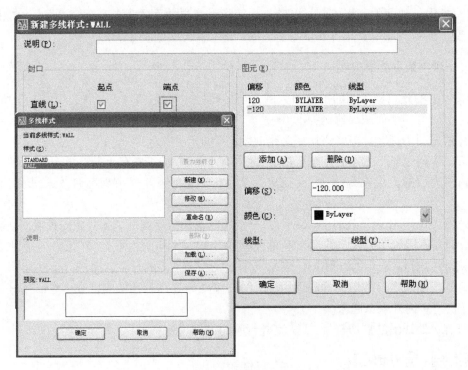

图 7-10　"新建多线样式:WALL"对话框

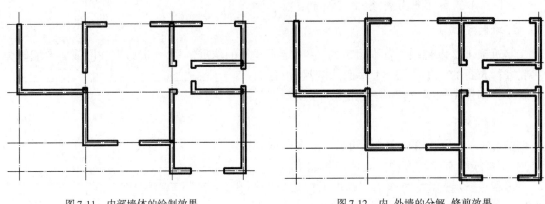

图 7-11　内部墙体的绘制效果　　　　　　图 7-12　内、外墙的分解、修剪效果

小贴士

（1）墙体绘制的起点应选择标有尺寸的一端,如定位轴的交点等,并结合"正交模式＋给定线长＋对象追踪"绘制,注意留出窗洞位置。

（2）有的外围墙体虽然是同一直线方向的(水平的或垂直的),也要分几段来画。这样内部墙体的分隔位置更容易确定,只要捕捉各分段的端点即可。例如上文中厕所与厨房的外墙就应分"300"和"2100"两段。

（3）建筑平面图的尺寸标注有的是以墙中定位(中心线与轴线重合),有的是以墙外定位(墙外边线与轴线重合),图 7-1 是墙中定位的,绘制时应特别注意。

3. 绘制窗体

窗体也采用多线绘制,方法与墙体类似。只是在多线设置上稍有不同:

(1)窗体应在"01"图层(红色)中绘制。

(2)新建多线的样式名为"WIN",在"新建多线样式:WIN"对话框中,在墙体的"120"和"−120"两个偏移量的基础上,再"添加"两个直线图元,将偏移量分别为"40"和"−40",不选"起点"和"端点"封口,窗体的绘制效果如图 7-13 所示(为显示清晰,暂时关闭定位轴图层)。

 小贴士

建筑平面图的窗体是由四条线的多线构成,这四条线之间的距离相等。如上例中墙体厚度为 240,偏移就分别为"120"、"40"、"−40"、"−120"。

4. 绘制门线、弧形窗和台阶

门线在"02"图层(青色,中实线)中绘制,采用相对极坐标方式(表 2-1),极轴角为 45°的斜线、长度等于图样中标注的门洞的宽度,双开门的宽度等于门总宽度的一半,门线绘制效果如图 7-14 所示。

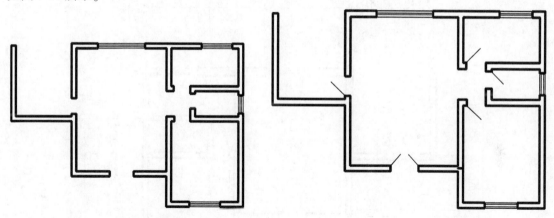

图 7-13　窗体的绘制效果　　　　　　　　图 7-14　门线的绘制效果

弧形窗在"01"图层(红色,细实线)中绘制,它是由四个半圆组成,图 7-1 标注的"R1800"是指弧形窗中间定位轴线的半径而不是图中任一半圆中的半径。因此,经计算,最大圆的半径应在此基础上增加墙体厚度的一半,为"R1920",其余三个圆的半径应分别为"R1840"、"R1760"和"R1680"。弧形窗的圆心在与"定位轴 D"距离为"120"的一条定位轴上。最后修剪完成绘制,具体的绘制效果及尺寸如图7-15 所示。

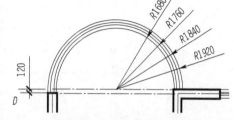

图 7-15　弧形窗的绘制效果(尺寸单位:mm)

台阶应在"01"图层(红色),用"直线"命令绘制,注意图 7-1 台阶的标注宽度为 300mm。

5. 标注平面图

建筑图样"标注样式"可按第二章第二节的内容进行设置,此处不再赘述。

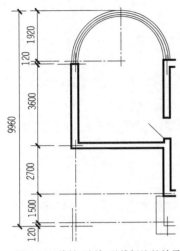

图 7-16 线性、连续、基线标注的效果
（尺寸单位：mm）

平面图中大部分尺寸都是线性尺寸，因此标注较为简单。设置"标注样式"后，用"线性标注"、"连续标注"和"基线标注"命令即可完成。

步骤一：设置"01"图层（红色）为当前图层，以采用"建筑标记"的标注样式"dim1"为当前样式。

步骤二：单击下拉菜单"标注"→"线性"或"标注"工具栏中的"线性（□⊢）"，再单击下拉菜单"标注"→"连续"或"标注"工具栏中的"连续（┠┨┨）"，最后单击下拉菜单"标注"→"基线"或"标注"工具栏中的"基线（□⊢）"，具体执行过程如下，标注效果如图 7-16 所示。

步骤三：采用"实心闭合"类型箭头的标注样式"dim2"为当前样式，标注阳台半径"R1800"，建筑平面图尺寸标注效果如图 7-17 所示。

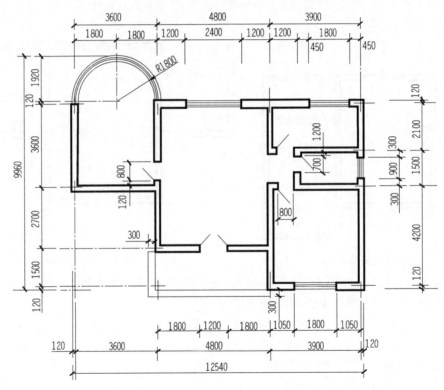

图 7-17 平面图尺寸标注效果（尺寸单位：mm）

✏️ **小贴士**

（1）标注弧形窗"R1800"时，需要先绘制一个半径为 1800 的辅助圆，待标注完成后再将其删除。

（2）建筑平面图中的高程符号较少，可以与立面图或剖面图的高程一同标注。

以上平面图中还有大量的文字需要注写,可以用"单行文字"或"多行文字"命令录入,并进行适当的旋转、复制、编辑等操作。如"厅"、"房"、"厨"、"厕"、表示门窗的"M_1"、"C_1"、"1:100"等字样高度为3.5mm,图下方"平面图"字样的字高为7mm,如图7-18a);定位轴线索引符号内的字高为5mm,如图7-18b)。

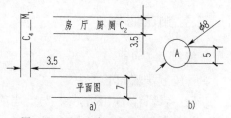

图7-18　录入文字的高度(尺寸单位:mm)
a)图中一般文字高度;b)定位轴线编号圆的尺寸

第四节　建筑立面图

建筑立面图简称立面图,是建筑物的正投影图,一般建筑的主要入口或比较显著地反映出建筑物外貌特征的那一面为正立面图,其余的为背立面图、左侧立面图或右侧立面图,也可以根据建筑的朝向来命名(图7-1),如南立面图、北立面图、东立面图或西立面图。

一、建筑立面图的图示方法

1.比例

立面图常用1:50、1:100、1:200的比例,图7-1南、西立面图采用1:100的比例。

2.图线

建筑立面的外轮廓线用粗实线(0图层,白色)绘制,室外地坪线用加粗线(粗实线的1.4倍)绘制,门窗、阳台、台阶、窗台、檐口等用中实线(02图层、青色)绘制,门窗分隔线、局部尺寸、高程用细实线(01图层、红色)绘制,具体见表7-4。

3.尺寸标注

立面图中,不标注水平方向的尺寸,一般只绘制最左、最右两端的定位轴线及编号,以便与建筑平面图对应。应标出室外地坪、室内地面、勒脚、窗台、门窗顶及檐口处的高程,并沿高度方向标注各部分高度尺寸。

二、识读建筑立面图举例

以图7-1的建筑施工图的立面图为例,主要的识读内容包括:

(1)该房屋朝南的立面为主要立面,大门在南面。

(2)南立面图上两端的轴线为①和④,西立面图上两端的轴线为Ⓓ和Ⓐ,其编号与平面图上的编号一致,以便与平面图对照起来阅读。

(3)南、西立面图外轮廓线用粗实线绘制,室外地坪线用加粗线(粗实线的1.4倍)绘制,门窗、阳台、台阶、窗台、檐口等用中实线绘制,门窗分隔线、高程用细实线绘制。

(4)南、西立面图上用高程表示主要部位的高度,由图7-1可知房屋的总高为3.6m,窗台距地面0.9m,室外地坪低于室内0.3m,门前两级台阶到室外地坪0.28m。

三、绘制立面图举例

1. 绘制南立面图

具体绘制步骤如下：

步骤一：设置"03"图层(绿色)为当前图层,打开"正交"、"对象捕捉"、"对象追踪"等辅助工具。在与平面图对齐的适当位置绘制定位轴线"1"和定位轴线"4";再绘制一条高程"±0.000"的辅助线与两定位轴线垂直相交,绘制结果如图7-19所示。

图 7-19　南立面图的定位轴线与"±0.000"辅助线

步骤二：设置"0"图层(白色)为当前图层,根据图7-1标注的高程、技术说明以及与平面图的对应关系,用"直线"绘制房屋的轮廓线;用"多段线"绘制地坪线,输入"w",修改多段线的线宽为"85"。绘制结果如图7-20所示。

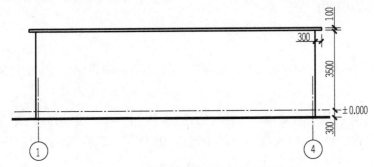

图 7-20　南立面图的外墙轮廓效果(尺寸单位:mm)

步骤三：设置"02"图层(青色)为当前图层,根据图7-1标注的高程、技术说明以及与平面图的对应关系,用"直线"绘制房屋的南立面墙的门窗轮廓线,绘制结果如图7-21a)所示,台阶具体尺寸如图7-21b)所示。

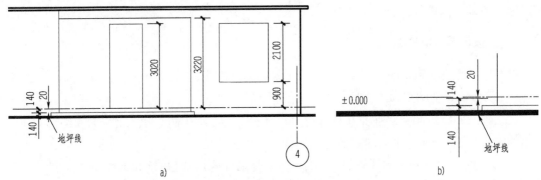

图 7-21　南立面图的门窗与台阶尺寸(尺寸单位:mm)

a)门窗尺寸;b)台阶尺寸

步骤四：设置"01"图层(红色)为当前图层,绘制门窗的分隔线如图7-22所示。

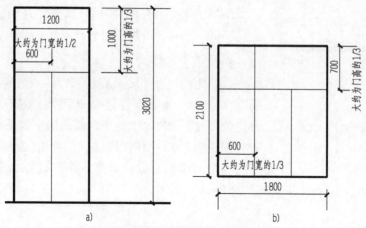

图7-22 南立面图的门窗分隔线尺寸(尺寸单位:mm)

a)门分隔线尺寸;b)窗分隔线尺寸

小贴士

(1)门的底部应到第二级台阶处,门的总高度为3020mm,在±0.000以下20mm处。

(2)绘制"±0.000"辅助线是为了根据高程计算高度时方便,待绘制完成后应予以删除。

2. 绘制西立面图

具体绘制步骤如下:

步骤一:设置"03"图层(绿色)为当前图层,打开"正交"、"对象捕捉"、"对象追踪"等辅助工具。在与平面图对应的适当位置绘制定位轴线"A"和定位轴线"D"。绘制与南立面图"±0.000"辅助线平齐的辅助线一条,并与定位轴"A"和定位轴"D"相交。

步骤二:设置"0"图层(白色)为当前图层,根据图7-1标注的高程、技术说明以及与南立面图的对应关系,用"直线"绘制房屋的轮廓线,绘制结果如图7-23所示。

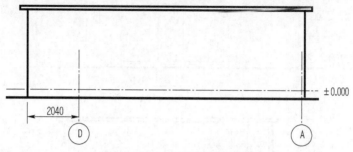

图7-23 西立面图的外墙轮廓效果

步骤三:设置"02"图层(青色)为当前图层,根据图7-1标注的高程、技术说明以及与南立面图的对应关系,用"直线"绘制房屋的西立面的台阶,台阶尺寸如图7-24所示。

步骤四:设置"02"图层(青色)为当前图层,绘制弧形窗的西立面图。在距定位轴线D左侧"120"处绘制与南立面图平齐的弧形窗外轮廓线,如图7-25a)。设置"01"图层(红色)为当前图层,绘制弧形窗的分隔线。在与弧形窗下方的对齐空白绘图区域,绘制一个半径为"1920"辅助圆。将这个圆每隔"22.5°"进行等分,再将等分线与圆弧的交点一一向上投影,得

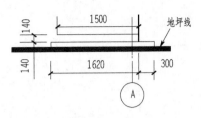

图 7-24　西立面图的台阶尺寸(尺寸
单位:mm)

到弧形窗的垂直方向的分隔线,如图 7-25b)。再在距弧形窗上端"700"处(1/3),绘制水平分隔线。修剪、删除辅助线。

3. 标注立面图

立面图的尺寸主要是高程,以及一些详图中未表示出的局部尺寸,如外墙留洞除注明高程外,还应注出其大小尺寸及定位尺寸。而图 7-1 的南立面图中主要是高程的标注。

按照图 7-3b)绘制高程符号,再用"复制"、"镜像"、"编辑文字"等命令在南立面图、西立面图和平面图的对应位置插入高程符号。南立面图的标注如图 7-26a)所示,西立面图的标注如图 7-26b)所示。

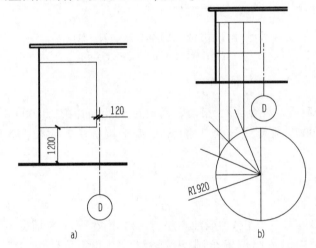

图 7-25　西立面图的弧形窗分隔线的画法(尺寸单位:mm)
a)弧形窗的外轮廓;b)弧形窗垂直分隔线

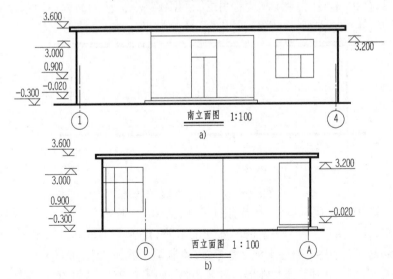

图 7-26　南立面图和西立面图的标注(高程单位:m)
a)南立面图的标注;b)西立面图的标注

小贴士

为了使高程的标注位置准确,应使用"对象追踪"等辅助工具。

第五节　建筑详图

建筑平、立、剖面图的绘图比例较小,许多局部的详细构造、尺寸、做法及施工要求图上都无法标注。为满足施工需要,就要用较大的比例将一些细部的形状、大小、材料和做法,按正投影图的画法详细地绘制出来,称为建筑详图(图7-1),简称详图。

一、建筑详图的图示方法

1. 比例与图名

详图一般用较大的比例绘制,常用比例为1:2、1:5、1:10、1:20。

详图的图名包括详图符号、比例,详图符号与平面图中的索引符号对应,以便对照查阅。

2. 图线

断面外轮廓线为粗实线(0图层,白色)绘制,可见轮廓线为中实线(02图层,青色)或细实线(01图层,红色),材料的剖面符号也为细实线。

3. 定位轴线

在详图中一般应画出定位轴线及编号,以便与平、立剖面图对照。

4. 尺寸与高程的标注

详图要表示的所有细节尺寸和重要的高程,并与平、立、剖面图对应。

二、识读建筑详图举例

1. 楼梯剖面详图

以图7-1的建筑施工图的门前台阶详图为例,主要的识读内容包括:

(1)由图可知门前台阶详图的比例为"1:20"。

(2)详图符号⑤表示索引的详图与被索引的图样在同一张图纸上,编号为5。

(3)按照表7-3建筑材料图例表可知,图7-1的详图的表示门前台阶为钢筋混凝土。

(4)详图中尺寸表示了台阶踢面高为140mm,共两级;梯板厚为100mm;踏面宽为300mm;由于踢面上方向前倾斜20mm,使得踏面宽增大为320mm。

(5)室外地坪低于室内0.3m,门前两级台阶顶面低于室内0.02m。

2. 楼梯平面详图

图7-27也是一幅较完整的建筑施工图,与图7-1的不同在于它采用平面图、南立面图和1-1剖面图的表达方式。

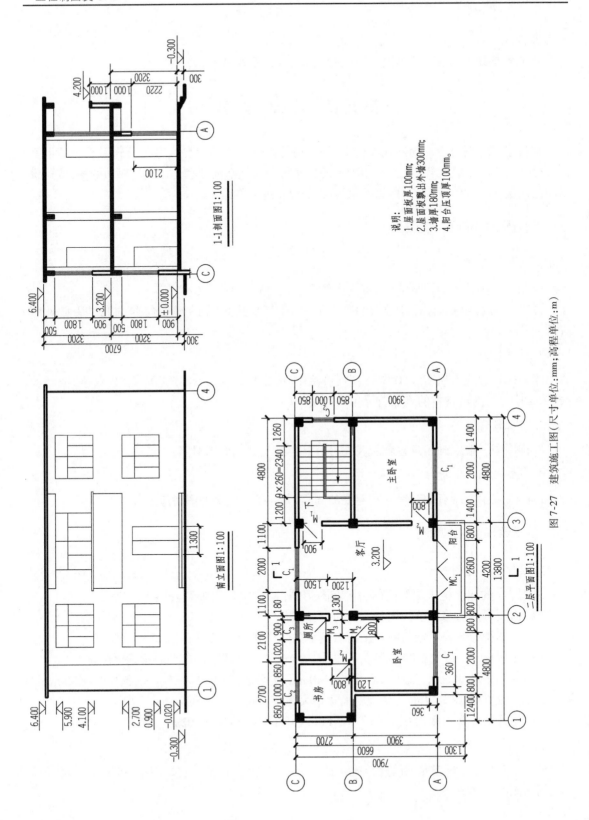

图 7-27 建筑施工图 (尺寸单位:mm;高程单位:m)

说明:
1. 屋面板厚 100mm;
2. 屋面面板飘出外墙 300mm;
3. 墙厚 180mm;
4. 阳台压顶顶厚 100mm。

1-1 剖面图 1:100

南立面图 1:100

二层平面图 1:100

📝 **小贴士**

图7-27的平面图绘制与图7-1大体相似,但又存在一些不同:

(1)图中一些定位轴是以墙外定位(墙边线与轴线重合)的,如定位轴1、定位轴4、定位轴A和定位轴C是以墙外定位的,而定位轴2、定位轴3和定位轴B是墙中定位的,绘制时应特别注意。

(2)平面图中涂黑的是钢筋混凝土方柱,是主要的承重构件,断面尺寸为360mm×360mm,承重柱绘制时外框用"0图层"(白色),里面用"solid"图案,在"01图层"(红色)填充。

楼梯的平面图识读如下:

(1)楼梯主要是由楼梯段(简称梯段)、平台和栏板(或栏杆)组成,梯段是联系两个不同高程平面的倾斜构件,上面做有踏步。踏步的水平面称为踏面,铅垂面称为踢面。在图7-26中,"9×260=2340"表示该梯段每一踏面宽为260mm,有9个踏面,梯段长为2340mm。

(2)在每一梯段的处画有一长箭头,并注写"上"或"下"字,表明从该层楼(地)面往上行或下行的方向。图7-27表示往下走可到达首层地面。

三、绘制建筑详图举例

1.绘制、标注台阶详图

图7-1详图的比例为1:20,可先按平、立面图相同的比例1:100绘制,再将图放大5倍。具体绘制步骤如下(注:图中尺寸是绘制的提示尺寸,非标注尺寸):

步骤一:设置"0"图层(白色)为当前图层,用"直线"命令绘制台阶面如图7-28所示的图形。

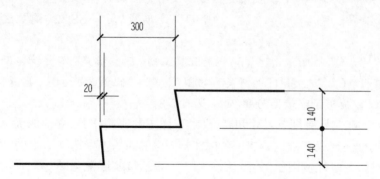

图7-28　详图台阶面的尺寸(尺寸单位:mm)

步骤二:连接A、B两点绘制一条辅助线AB,并将辅助线AB向右下方偏移屋面板的厚度"100";再将AC、DE向下平移"100",将平移后的这三条直线延伸直至相交,此三条直线应修改特性为"0"图层(白色,粗实线),绘制结果如图7-29所示。

步骤三:绘制折线将详图的台阶两端封闭,并将台阶面向全部向上平移"20",并修改特性为"01"图层(红色,细实线),绘制结果如图7-30所示。

步骤四:将所绘制的图形用"缩放比例"命令将以上图形放大5倍。

步骤五："图案填充"钢筋混凝土。单击下拉菜单"绘图"→"图案填充",在弹出的"图案填充和渐变色"对话框(图 7-31)中,选择"图案"时,打开"填充图案选项板"对话框的"其他预定义"选项卡,单击选取"AR－CONC"类型,并将"比例"值修改为"5",完成第一次填充。再执行一次"图案填充"命令,选择"图案"为"ANSI"选项卡中的"ANSI31"类型,并将"比例"值修改为"80",完成第二次填充。经过两次填充的效果如图 7-32 所示。

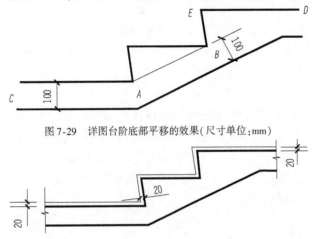

图 7-29　详图台阶底部平移的效果(尺寸单位:mm)

图 7-30　详图台阶面向上平移的效果(尺寸单位:mm)

图 7-31　"图案填充和渐变色"对话框

小贴士

(1)"图案填充"命令常出现不能执行填充的情况,往往是由于绘图时未合理使用"对象捕捉"工具而造成被填充区域不封闭或当前视口中未显示到所有被填充区域以及填充图案太密(比例太小)等原因。

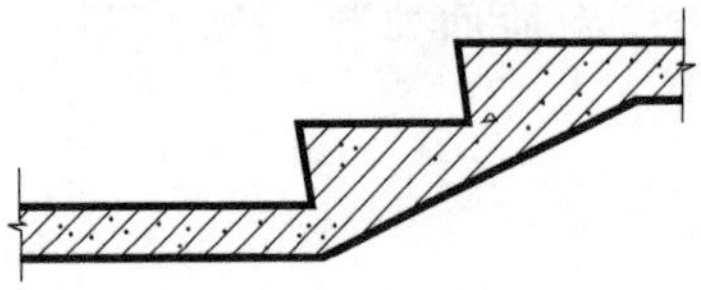

(2)"ANSI31"是单线的,"ANSI32"是双线的,填充时注意两者的区别。

图 7-32　详图两次图案填充的效果

(3)钢筋混凝土的"图案填充"需要填充两次才能完成,分别使用"AR－CONC"、"ANSI31"两种类型的图案,具体"比例"的大小一般是随着图样大小不同而有所变化,以能够清晰读图为准,可参见表 7-3。

　　详图的尺寸标注主要有细节尺寸和高程,由于详图的比例比平、立面图大,一般需要在采用"建筑标记"的标注样式基础上新建一个标注样式,将"主单位"选项卡中的"测量单位比例因子"作相应的修改。"比例因子"的默认值为"1",表示按实际测量值标注尺寸,标注尺寸 ＝ 实际绘图尺寸 × 比例因子。图 7-1 的详图比例为 1:20,因此将图 2-26 的"主单位"选项卡中"测量单位比例因子"改为"20",并将这个标注样式"置为当前"。

　　再执行"线性"、"连续"和"对齐"标注命令,并使用"夹点操作"适当调整自动生成的标注数字的位置,使之美观清晰。将平面图或立面图标注中的"高程"符号进行复制、编辑,完成高程的标注。执行结果如图 7-33 所示。

　　最后绘制索引符号和详图符号。图 7-1 的详图索引符号在平面图中用"01 图层"(红色,细实线)绘制,索引符号用于索引剖面详图,还应用粗实线绘制剖切的位置线。

2.绘制、标注楼梯平面详图

用"直线"、"偏移"、"修剪"等命令,在"01 图层"(红色)即可完成楼梯的绘制。梯段中表示"上"、"下"方向直线,用"多段线"绘制,箭头的起点宽度设定为"30",终点宽度设定为"0"。具体楼梯各部分的尺寸如图 7-34 所示(注意:图中尺寸是绘图的提示尺寸,非标注尺寸),绘制过程与前文的绘图过程类似,在此不做详细叙述。

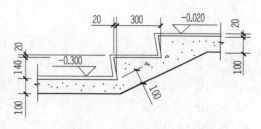

图 7-33　详图的尺寸、高程标注(尺寸单位:mm;高程单位:m)

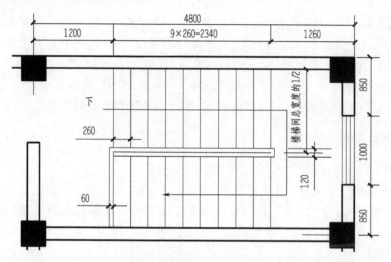

图 7-34　楼梯平面详图(尺寸单位:mm)

第六节　建筑剖面图

假想用一个或多个垂直于外墙轴线的铅垂剖切面将建筑物剖开,得到的投影称为建筑剖面图。剖面图用以表示建筑物内部的主要结构形式、分层情况、构造做法、材料及高度等,是与建筑平面图、立面图相互配合的重要图样之一。剖面图的剖切位置应选择平面图上能反映建筑物内部全貌的构造特征或具有代表性的部位,如通过门厅、门窗、楼梯、阳台和高低变化较多的地方。如果是不止一层的建筑,应在首层平面图中标明剖切的位置。剖面图可以用横向剖切,即剖切平面平行于侧立投影面;也可以纵向剖切,即剖切平面平行于正投影面。

一、建筑剖面图的图示方法

1.比例

剖面图的比例应与平、立面图一致,通常为 1:50、1:100、1:200 的比例,多用 1:100 的比例。

2.定位轴线

剖面图与立面图一样,一般只绘制两端的定位轴线及其编号,以便于平面图对照。需要时可注出中间的定位轴线。

3. 图线

被剖切到的墙、楼面、屋面、梁的断面轮廓线用粗实线(0 图层,白色)绘制,砖墙一般不画图例,钢筋混凝土的楼面、屋面、梁和柱的断面通常涂黑表示,在 AutoCAD 中用"solid"图案填充。当比例为 1∶100 时粉刷层在剖面图中不必画出;当比例为 1∶50 或更大时,粉刷层要用细实线画出。室外地坪线用加粗线(粗实线的 1.4 倍)绘制,门窗洞、阳台、台阶、窗台、楼梯栏杆、扶手等用中实线(02 图层、青色)绘制,门窗分隔线、尺寸、高程用细实线(01 图层、红色)绘制,定位轴线用细点画线(03 图层、绿色)绘制,具体见表 7-2。

4. 尺寸与高程

剖面图的尺寸和高程与平、立面图相一致。与平面图的尺寸一样,剖面图的尺寸也分为外部尺寸和内部尺寸。外部尺寸一般分为三道:第一道是总高尺寸,表示室外地坪到女儿墙的压顶面的高度;第二道是层高尺寸;第三道是细部尺寸,表示门窗洞、窗间墙、墙厚等细部尺寸。内部尺寸表示室内的门、窗、隔断、平台等的高度。

注明室内外地坪的高程,各层楼面的高程、屋面的高程和女儿墙压顶面的高程等。

二、识读建筑剖面图举例

以图 7-27 的 1-1 剖面图为例,主要的识读内容包括:

(1)1-1 剖面图的比例为 1∶100。

(2)1-1 剖面图是按图 7-27 二层平面图中 1-1 剖切位置绘制的全剖面图。剖切位置通过客厅、南面二层的阳台和门窗洞,剖切后从左向右进行投影得到横向剖面图,反映了建筑内部全貌的构造特性。

(3)室内外地坪线用加粗线绘制,地坪线以下部分不画,地梁(或墙体)用折断线隔开,如图 7-27 中Ⓒ轴的位置所示。剖切到的墙体用粗实线绘制,不画图例表示用砖砌成。剖切到楼面、屋面、梁、阳台和女儿墙压顶均涂黑,表示钢筋混凝土。

(4)由 1-1 剖面图两边的细部尺寸可知,首层、二层客厅窗高均为 1800mm,离地 900mm;首层大门高 2200mm,还画出了未剖到的可见的门高度为 2100mm,阳台护栏高 1000mm。

(5)由高程尺寸可知,建筑室内外高差 0.3m,首层、二层高度均为 3.2m,总高度为 6.4m。

三、绘制建筑剖面图举例

以图 7-27 的建筑施工图中的 1-1 剖面图为例,绘制剖面图的具体过程如下:

步骤一:设置"03"图层(绿色)为当前图层,打开"正交"、"对象""对象追踪"等辅助工具。在与南立面图对齐的适当位置绘制定位轴线"A"和定位轴线"C"(两定位轴距离为 6600mm),再绘制一条高程为"±0.000"的室内地坪线。

步骤二:根据图 7-27 标注的高程、技术说明以及与平面图的对应关系,用"直线"绘制房屋室内、室外地坪线,绘制结果如图 7-35a)、b)所示。

步骤三:绘制首层窗(01 图层)、门和承重柱(02 图层),楼面隔板(0 图层)。绘制效果如图 7-36 所示。

步骤四:绘制二层窗(01 图层)、门和承重柱(02 图层),楼顶(0 图层)。绘制效果如图 7-37 所示。

步骤五:将断面填充"solid"图案(01 图层),填充效果如图 7-38 所示。

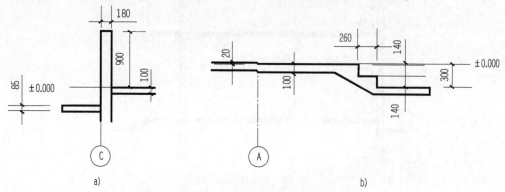

图 7-35　1-1 剖面图的室内、外地坪线的绘制(尺寸单位:mm)

a)剖面图左边的绘制效果;b)剖面图右边的绘制效果

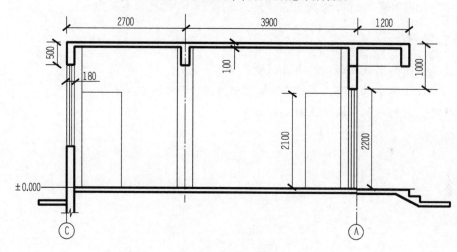

图 7-36　1-1 剖面图首层的绘制效果(尺寸单位:mm)

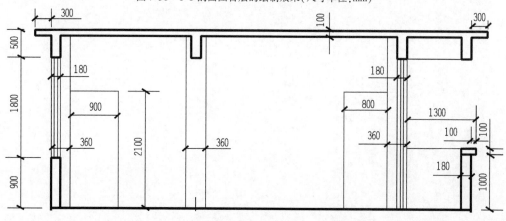

图 7-37　1-1 剖面图二层的绘制效果(尺寸单位:mm)

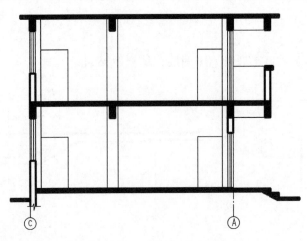

图7-38　1-1 剖面图的填充效果

小贴士

屋内地坪比屋外第二级台阶高 20mm，由于相差较小，比较容易被忽视。

复习思考题

1. 建筑施工图的高程在标注有哪些注意要点？

2. AutoCAD 软件中标注样式的"测量单位比例因子"应如何调整？

3. 建筑施工图的定位轴线是怎样编排的？

第八章　钢筋混凝土结构图

学习目标

1. 了解钢筋混凝土的基本知识。

2. 掌握钢筋混凝土构件的图示方法。

3. 掌握几种典型钢筋混凝土结构图的识读。

结构施工图主要表示承重结构的布置情况、构件类型、大小及构造作法等,简称"结施"。结构施工图按房屋结构所用的材料不同还可分为钢筋混凝土结构图、钢结构图、木结构图、砖石结构图等。钢筋混凝土结构是由钢筋和混凝土两种物理力学性能不同的材料按一定的方式结合成整体共同承受外力的物体,如钢筋混凝土梁、柱、板等。本章主要介绍钢筋混凝土结构图的图示方法和识读。

第一节　钢筋混凝土的基本知识

混凝土是由水泥、砂、石子和水按一定的比例,经浇筑、振捣、养护硬化后形成的一种人造材料。混凝土的抗压强度较高,而抗拉强度很低,因此受拉容易产生裂缝甚至断裂,如图 8-1a) 所示。但混凝土的可塑性强,容易制成各种类型的构件。为了提高混凝土构件的抗拉能力,往往在混凝土构件的受拉区域内加入一定数量的钢筋,使之与混凝上黏结成一个整体共同承受外力,这种配有钢筋的混凝土称为钢筋混凝土,如图 8-1b) 所示。由钢筋混凝土制成的构件(如梁、板、柱)称为钢筋混凝土构件。

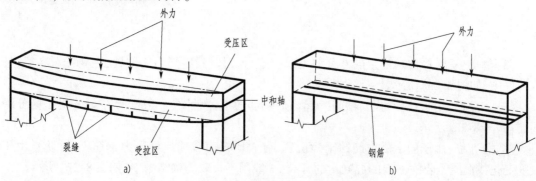

图 8-1　钢筋混凝土梁受力示意图

a) 未加入钢筋的混凝土梁;b) 加入钢筋的混凝土梁

一、混凝土强度等级和钢筋符号

混凝土按其立方体抗压强度标准值的高低分为 C7.5、C10、C15、C20、C25、C30、C35、C40、C45、C50、C55、C60 共 12 级,等级越高混凝土抗压强度也越高。

根据钢筋品种等级不同,结构施工图中用不同的直径符号来表示钢筋。常用的钢筋符号见表 8-1。

钢筋的符号 表 8-1

钢筋等级	HPB235	HRB335、HRBF335	HRB400、HRBF400、RRB400	HRB500、HRBF500
符号	φ	Φ	Φ	Φ
钢筋表面形状	光圆	带肋月牙纹/螺纹	带肋人字纹/月牙纹	带肋月牙纹

二、钢筋的种类及作用

根据钢筋在构件中所起的作用不同,可分为以下几种:

(1)受力筋:承受构件内产生的主要的拉力或压力,主要配置在梁、板、柱等各种钢筋混凝土构件,如图 8-2a)、b)所示。

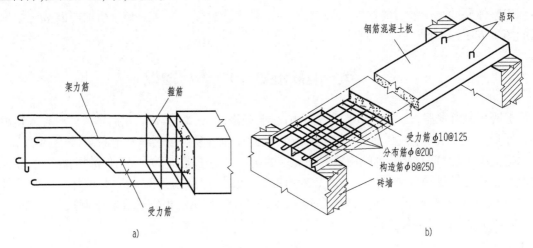

图 8-2　钢筋的种类
a)梁中钢筋;b)板中钢筋

(2)箍筋:承受构件内产生的部分剪力或扭矩,并用以固定受力筋位置,主要配置在梁、柱等构件中,如图 8-2a)所示。

(3)架立筋:用于和受力筋、箍筋一起构成钢筋的整体骨架,一般配置在梁的受压区外缘两侧,如图 8-2a)所示。

(4)分布筋:用于固定受力筋的正确位置,有效地将荷载传递到受力钢筋上,并防止由于温度变化或混凝土收缩引起的混凝土的开裂,一般用于板或高梁结构中,如图 8-2b)所示。

(5)构造筋:根据构件的构造要求和施工安装需要配置的钢筋,如预埋件、锚固筋、吊环等,如图 8-2b)所示。

三、钢筋的保护层

为了防止钢筋锈蚀和保证钢筋与混凝土的紧密黏结,构件都应具有足够的混凝土保护层。钢筋外缘至混凝土表面的厚度,称为混凝土保护层。常见钢筋混凝土保护层最小厚度见表8-2所示。

钢筋混凝土保护层厚度(单位:mm)　　　　　　　　　　　　　表8-2

构 件 名 称			保护层厚度
板、墙和壳	分布筋		10
	受力筋		15
梁和柱	受力筋		25
	箍筋		15
基础	受力筋	有垫层	35
		无垫层	70

在桥涵工程中,钢筋的保护层要大一些,一般不得小于30mm,也不得大于50mm。当板的高度小于300mm时,保护层的厚度可减为20mm,箍筋的保护层厚度不得小于15mm。

四、钢筋的弯钩和弯起

对于光圆外形的受力钢筋,为了增加钢筋与混凝土的黏结力,提高锚固效果,要在钢筋的两端做成弯钩,弯钩的形式有半圆钩(180°)、斜弯钩(135°)和直弯钩(90°)三种,如图8-3所示。根据需要,钢筋实际长度要比端点长出 $6.25d$、$7.89d$ 或 $10.93d$,这时钢筋的长度要计算其弯钩的增长数值。

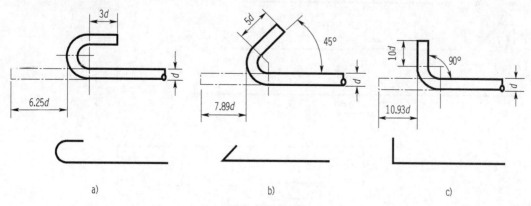

图8-3　钢筋的弯钩
a)半圆钩;b)斜弯钩;c)直弯钩

根据构件的受力要求,在布置钢筋时,需要将构件下部的部分受力筋在梁内向上弯起,这就是钢筋的弯起。在弯起钢筋的弯终点外应留有锚固长度,其长度在受拉区应不小于 $20d$,在受压区应不小于 $10d$。如图8-4所示,梁中弯起钢筋的弯起角取45°或60°。板中钢筋的弯起角取30°。

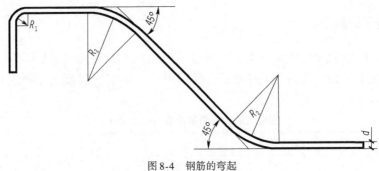

图 8-4　钢筋的弯起

第二节　钢筋混凝土构件的图示方法

图 8-5 为钢筋混凝土梁图。为了突出表达钢筋骨架在构件内部的配置情况,假定混凝土是一个透明体,构件内部的钢筋可见。

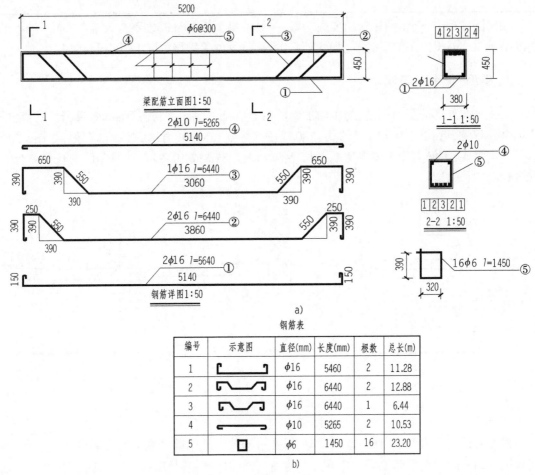

a)

钢筋表

编号	示意图	直径(mm)	长度(mm)	根数	总长(m)
1		φ16	5460	2	11.28
2		φ16	6440	2	12.88
3		φ16	6440	1	6.44
4		φ10	5265	2	10.53
5		φ6	1450	16	23.20

b)

图 8-5　钢筋混凝土梁图

a)梁图;b)钢筋表

1. 钢筋混凝土构件的图示内容及特点

绘制时假设混凝土是透明的,能够看清楚构件内部的钢筋,这种能显示混凝土内部钢筋配置的投影图称为配筋图。配筋图是钢筋混凝土结构图中最主要的图样。

(1)构件的外轮廓用细实线表示,钢筋用粗实线表示;若箍筋和分布筋数量较多,也可画为中实线;钢筋的断面用实心小圆点表示。按照《建筑结构制图标准》(GB/T 50105—2010)的规定,钢筋常用图例的画法见表8-3。

钢筋的常用图例   表8-3

名 称	图 例	说 明
钢筋横断面	●	
无弯钩的钢筋端部		下图表示长短钢筋投影重叠时,为区分短钢筋位置,可在短钢筋的端部用45°短划线表示
带半圆形弯钩的钢筋端部		
带直钩的钢筋端部		
带螺纹的钢筋端部		
无弯钩的钢筋搭接		
带半圆弯钩的钢筋搭接		
带直钩的钢筋搭接		
套管接头(花篮螺钉)	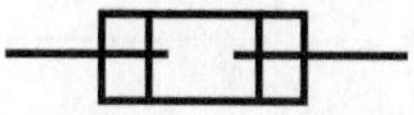	

(2)通常在配筋图中不画出混凝土的材料符号。

(3)当钢筋间距和净距太小时,若严格按比例画则线条会重叠不清,这时可适当夸大绘制。同理,在立面图中遇到钢筋重叠时,也要放宽尺寸使图面清晰。

(4)钢筋混凝土结构图不一定将三个投影图都画出来,而是根据需要来决定。例如钢筋混凝土梁图(图8-5),一般不画平面图,只用立面图和断面图来表示。

(5)在钢筋混凝土结构图中,断面图的剖切位置应布置在钢筋发生变化处,如图8-5中的1-1断面、2-2断面。断面图中不画构件的材料图例,剖切到的钢筋断面用实心小圆点绘制,未剖到的钢筋和构件仍按规定线型绘制。

2. 钢筋的编号和标注方式

在钢筋混凝土结构图中为了区分不同直径和不同类型的钢筋,要求对每种钢筋加以编号并在引出线上注明其规格和间距,编号用阿拉伯数字表示。钢筋编号和标注方式如下:

(1)编号次序按钢筋的直径大小和主次来分:直径大的编在前面,直径小的编在后面;受力筋编在前面,箍筋、架立筋、分布筋等编在后面。

(2)钢筋的编号用1、2、3…顺序表示,数字写在直径为 6~8mm 的细实线圆圈内,并用引出线引到相应的钢筋上,如图8-6a)所示。

（3）若有几种类型的钢筋投影重合时,可以将几种钢筋的号码并列写出,如图 8-6b）所示。

（4）如果钢筋数量很多,又相当密集,可采用表格法表示,即在表格内注写钢筋的编号,以表明图中与之对应的钢筋,如图 8-6c）所示。

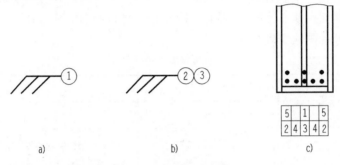

图 8-6　钢筋的编号注法

a)不同处配置相同钢筋的编号;b)不同钢筋投影重合的编号;c)表格表示钢筋的编号

在配筋图中钢筋的标注方式有两种:第一种标注包括钢筋的数量、级别、直径,如图 8-7a）所示;第二种标注包括级别、直径、等距符号、相邻钢筋的中心间距,如图 8-7b）所示。

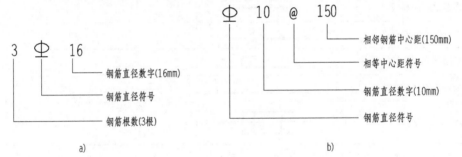

图 8-7　钢筋的标注方法

a)钢筋的第一种标注;b)钢筋的第二种标注

形如: $\dfrac{6\phi10}{139@12}$①

其中:①——钢筋的编号;

ϕ——为 I 级钢筋,直径为 10mm,共 6 根,下料长度为 139mm;

@ 12——钢筋轴线之间距离为 12mm。

3. 钢筋成型图

在钢筋结构图中,为了能充分表明钢筋的形状以便于配料和施工,还必须画出每种钢筋加工成型图(钢筋详图)。在钢筋详图中尺寸可直接标注在各段钢筋旁,还应注明钢筋的符号、直径、根数、弯曲尺寸和下料长度等,如图 8-5 所示。有时为了节省图幅,可把钢筋成型图画成示意略图放在钢筋数量表内。

4. 钢筋表

在钢筋结构图中,一般还附有钢筋数量表,内容包括钢筋的编号、直径、每根长度、根数、总长及质量等,必要时可加画略图,如图 8-5 所示。

第三节 典型钢筋混凝土结构图的识读

一、钢筋混凝土结构图及梁图的识读

梁的结构详图一般包括立面图、断面图。梁的立面图主要表达梁的轮廓尺寸、钢筋位置、位置、编号及配筋情况;梁的断面图主要表达梁截面尺寸、形状,箍筋形式及钢筋的位置、数量。断面图剖切位置应选择梁截面尺寸及配筋有变化处。

图8-5 即为一钢筋混凝土结构详图,包括梁配立面图、断面图、钢筋详图、钢筋表。立面图主要表达梁中配置的钢筋的直径、等级、编号及摆放位置等,如 $\phi6@300$ 表示箍筋直径为 6mm 的 I 级钢筋,以间距为 300mm 均匀排列。为了使图面清晰,同类型、同间距的箍筋,在图上一般可只画两三个即可,施工时按等距布置。1-1 断面图主要表达了该断面中钢筋的摆放位置、梁截面尺寸等,如①号 $2\phi16$ 的钢筋配置在梁的下部,梁高为 450mm,梁宽为 380mm。钢筋详图主要表达了梁中钢筋的长度尺寸,如②号钢筋总长 6440mm,这是钢筋的设计长度,它是各段长度之和再加上两端标准弯钩的长度,即:

$$l = (390 + 250 + 250) \times 2 + 3860 + 2 \times 6.25 \times 16 = 6440\text{mm}。$$

钢筋表列出了各编号钢筋的规格、长度、根数等信息,如⑤号钢筋的总长 $= 1450 \times 16 = 23200\text{mm} = 23.20\text{m}$。

二、钢筋混凝土结构图柱图的识读

钢筋混凝土柱是建筑结构中主要的承重构件,其结构详图一般包括立面图、断面图。柱立面主要表达柱的高度尺寸、柱内钢筋配置及搭接情况;柱断面图主要表达柱子截面尺寸、箍筋的形式和受力筋的摆放位置及数量。断面图剖切位置应选择在柱的截面尺寸变化及受力筋数量、位置变化处。

图8-8 为某住宅楼钢筋混凝土构造柱的详图。由立面图可知柱高为 16.8m,每个楼层柱高为 2.8m,配置直径为 6mm 的箍筋,楼层以上 850mm、楼层以下 850mm 箍筋间距为 100mm,楼层中部 1100mm 内箍筋间距为 200mm。由 4-4 断面图可知柱的截面尺寸为 240mm×240mm,柱中配置 4 根 II 级、直径为 12mm 的竖向钢筋。图8-8 的构造柱的立面图运用了简略画法,只画了首层和顶层等三个楼层的情况,其他楼层情况相同。

复习思考题

1. 简述钢筋的种类和作用。
2. 试述钢筋混凝土结构图的主要图示特点。

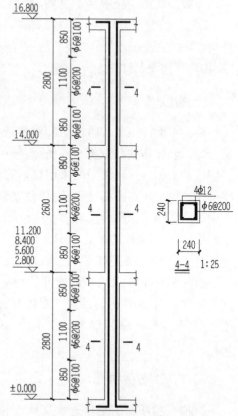

图8-8 钢筋混凝土结构图柱图

第九章　桥梁工程图

学习目标

1. 了解桥梁的组成及分类。
2. 认识桥梁的图示方法及表达内容。
3. 掌握桥梁工程图的读图方法。

第一节　桥梁总体布置图

桥梁是轨道工程中穿山越岭、跨路过河必不可少的工程构筑物。桥梁由上部桥跨结构（主梁或主拱圈和桥面系）、下部结构（桥台、桥墩和基础）及附属结构（栏杆、灯柱、护岸、导流结构物等）三部分组成。主要工程图样一般包括桥位平面布置图、工程地质图、桥梁总体布置图、构件结构图及详图。

一、桥位图

桥位平面图主要表明桥梁和线路连接的平面位置，通过地形测量绘出桥位处的道路、河流、水准点、地质钻孔位置、附近的地形和地物（如房屋、旧桥、旧路等），以便作为设计桥梁、施工定位的依据。这种图一般采用较小的比例，如1:500、1:1000、1:2000等。桥位平面图中，线路的走向可以用指北标志确定，或者以坐标网格及坐标轴线代号与数字指明。图中文字书写方向沿用线路工程图的要求。在桥位图上，桥梁平面位置的投影均采用图例示意画出，线路的中心位置用粗实线表示。如图9-1所示，为某桥位平面图。除了表示线路平面形状、地形和地物外，还表明了线路的里程、水准点的位置、河水流向及洪水泛滥的情况。

由图9-1可知，该桥位处西北的地势较高，最高点的高程为20m，东南方向较低。河水流向为从北向南，河床内有沙滩。西边有房屋、车道及水准点标志（BM）。桥的南侧有7根铁路通信线，东岸有一条1932年的洪水泛滥线。东岸的北面有导治建筑物。图上还标明了线路的里程。

二、桥位地质断面图

桥位地质断面图是根据水文调查和地质钻探所得的资料绘制的河床地质断面图，表示桥梁所在位置的地质水文情况，包括河床断面线、最高水位线、常水位线和最低水位线，作为桥梁设计的依据,小型桥梁可不绘制桥位地质断面图,但应写出地质情况说明。地质断面图为了显示地质和河床深度变化情况,特意把地形高程(标高)的比例较水平方向比例放大数倍画出。如图9-2所示的桥位地质断面图,地形高度的比例采用1:200,水平方向比例采用1:500。

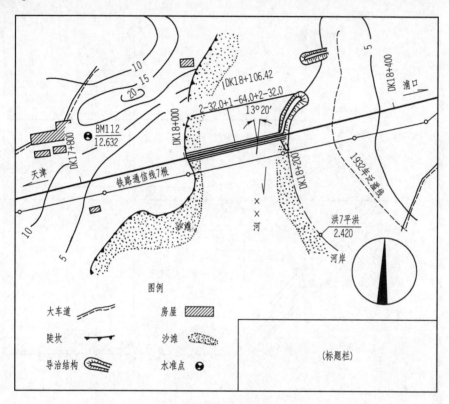

图9-1 桥位图

如图9-2所示,桥位地质断面图。由图可知,钻孔有三个,孔1的孔口高程为1.15m,钻孔深度为15m;孔2的孔口高程为0.20m,钻孔深度为16.2m;孔3的孔口高程为4.10m、钻孔深度为13.1m。孔1和孔2的间距为40m,孔2与孔3的间距为38m。

河床下土质分别为黄色黏土、淤泥质亚黏土、暗绿色黏土。洪水水位6.00m,常水位4.00m,最低水位3.00m。图中还标明了东西桥台所在的位置。

三、桥梁总体布置图

桥梁总体布置图是指导桥梁施工的最主要图样,它主要表明桥梁的形式、跨径、孔数、总体尺寸、桥道高程、桥面宽度、各主要构件的相互位置关系,桥梁各部分的高程、材料数量以及总的技术说明等,作为施工时确定墩台位置、安装构件和控制高程的依据。一般由立面图、平面图和剖面图组成。

由图9-3可知,该桥梁总体布置图由立面图和半基顶平面图组成。立面图是由垂直于线路方向向桥孔投影而得到的正面投影图,它反映了桥梁的全貌。平面图是假想将上部结构全部拆除后得到的水平投影。为了表达桥墩和桥台的断面形状,在平面图中采用了基顶剖面图的表达方法。

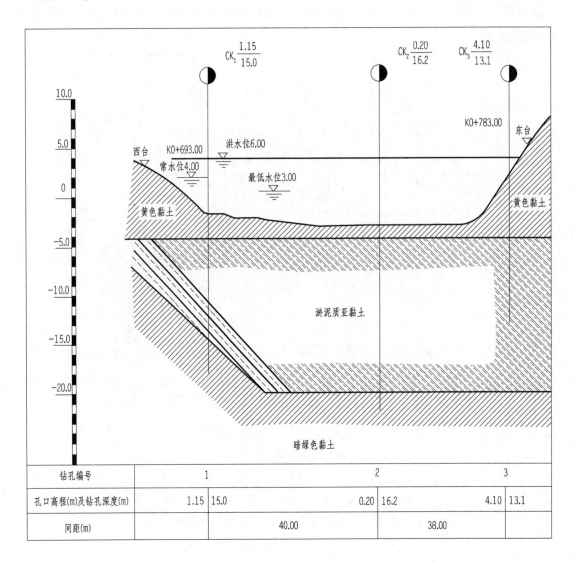

图 9-2　桥位地质断面图

由图 9-3 可知,桥全长 12575cm(545 + 3270 + 3270 + 2470 + 2475 + 545 = 12575)。该桥共有四孔,其中两孔跨度分别为 32m,另外两孔跨度为 24m。桥面采用的是预应力钢筋混凝土梁,梁与梁之间留有 10cm 的伸缩缝。桥的中心里程为 DK33 + 496.15。图中还标出了轨底高程 228.29m,路肩高程 227.62m。

桥梁中墩、台位置的命名,按顺序编号,如图所示的 0 号台、1 号墩、2 号墩、3 号墩和 4 号台等。每个桥墩和桥台的中心里程标示在墩、台的下面。桥墩和桥台采用的都是桩基础。

由平面图可知,该桥的桥墩为圆端形,桥台为"T"形桥台。

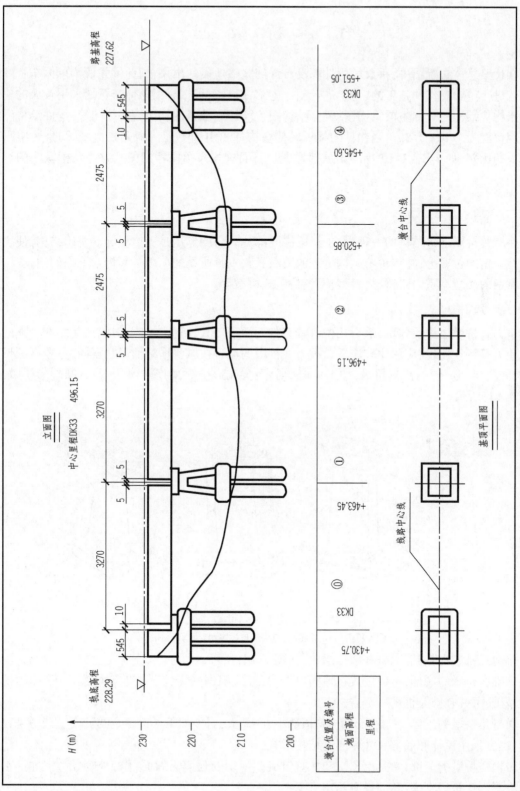

图 9-3　桥梁总体布置图（图中尺寸除里程和高程以 m 为单位外，其余以 cm 为单位）

第二节 桥 墩 图

在桥梁总体布置图中,桥梁的构件都没有详细完整地表达出来,因此单凭桥梁总体布置图是不能进行桥梁制作和施工的,为了进行制作施工,还必须根据桥梁总体布置图采用较大的比例画出构件结构图。如主梁结构图、桥台结构图、桥墩图、桩基图和防撞护栏图等,构件结构图的常用比例为 1:10～1:50。当构件的某一局部在构件图中如不能清晰完整地表达时,还应采用更大的比例,如 1:3～1:10 等画出局部详图。下面首先介绍桥墩的图示方法及桥墩图的识读方法。

一、概述

桥墩是桥梁下部结构的一种,位于桥梁中间部分。它的作用是支撑相邻的桥跨结构,使之保持在一定的位置上,并将桥跨结构传来的荷载和它本身所受的荷载一起传给下面的地基。

桥墩的类型有重力式桥墩、轻型桥墩、拼装式桥墩等。

1. 重力式桥墩

重力式桥墩也称实体墩,重力式桥墩具有截面面积较大,坚固、抗震、对偶然荷载有较强的抵抗能力等特点,目前应用比较广泛。重力式桥墩的类型按墩身横截面形状不同,主要有圆形桥墩,如图 9-4a)所示;矩形桥墩,如图 9-4b)所示;尖端形桥墩,如图 9-4c)所示;圆端形桥墩,如图 9-4d)所示。

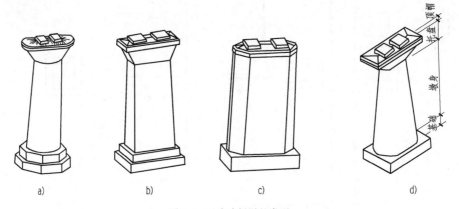

图 9-4　重力式桥墩的类型
a)圆形桥墩;b)矩形桥墩;c)尖端形桥墩;d)圆端形桥墩

重力式桥墩由基础、墩身和墩帽组成,如图 9-4d)所示。

基础在桥墩的底部,一般埋置在地面以下,其形式根据受力情况及地质情况,可采用明挖扩大基础、沉井基础及桩基础等方法。

墩身是桥墩的主体,一般情况下,其顶部小,底部大,自上而下形成一定的坡度。当墩身较矮时,也可采用顶部和底部尺寸相同的结构形式。

墩帽在桥墩的上部,它是由顶帽和托盘组成。顶帽的顶面为斜面,作为排水用,俗称排水坡。为了安放桥梁支座,其上设有两块支承垫石。

2. 轻型桥墩

当地基土质条件较差时,为了减轻地基的负担和墩身重量,节约圬工,可采用轻型桥墩。轻型桥墩主要有空心墩、桩柱式墩(如图9-5a)、双柱式墩(如图9-5b)和柔性墩等。

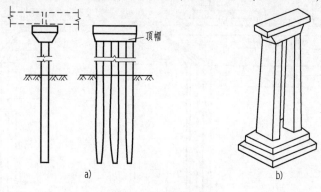

图9-5 轻型桥墩的类型
a)桩柱式桥墩;b)双柱式桥墩

二、桥墩的图示方法和要求

桥墩图主要表达桥墩的总体及其各组成部分的形状、尺寸和用料等。

表达桥墩的图样有桥墩图、墩帽构造详图及墩帽钢筋布置图。

如图9-6所示的桥墩图,它是采用正面图、平面图和侧面图来表达桥墩结构及尺寸的,其中平面图采用了半平面、半断面的表达方式。

1. 正面图

桥墩的正面图是顺线路方向对桥墩进行投影而得到的投影图。表达了桥墩的外形和尺寸,平面与曲面的分界等。

2. 平面图

平面图采用了半平面和半I-I断面的表达方法。左半部分是外形图,主要表达桥墩的平面形状和尺寸及排水坡斜面。半I-I断面主要表达了墩身的平面形状及尺寸。

3. 侧面图

侧面图主要表达桥墩侧面的形状和尺寸。另外,图中标明了垫石、墩帽、托盘及墩身的材料。

三、桥墩图的识读

以图9-6为例介绍桥墩图的识读方法和步骤。该图表示的是圆端形桥墩,尺寸单位是cm。读图时,可采用形体分析法,将桥墩分解为基础、墩身和墩帽三部分。

1. 基础

由图可知,该桥墩采用的是矩形基础,基础分两层。底层基础长990cm、宽430cm、高100cm;第二层基础长850cm、宽300cm、高100cm。两层基础在前后、左右方向都是对称的。

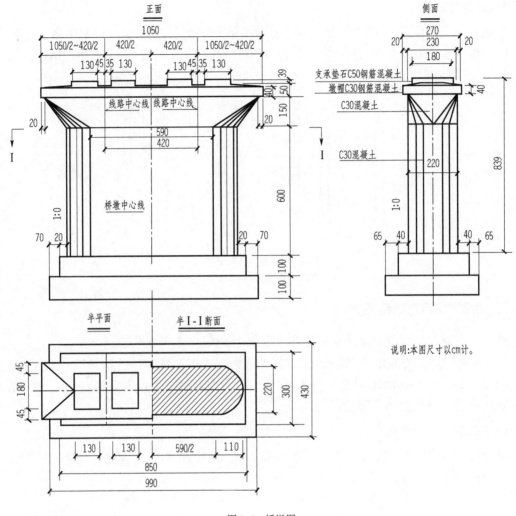

图 9-6　桥墩图

2. 墩身

由图可知,该桥墩的墩身为圆端形。墩身左右半圆的半径为 110cm,左右两半圆之间的距离为 590cm,墩身的高度为 600cm。该墩身采用的是直坡,坡比为 42:1。

3. 墩帽

墩帽分下部的托盘和上部的顶帽两部分。

(1)托盘。托盘顶面和底面都是圆端形,两端半圆的半径均为 110cm,但顶面与底面两端半圆的距离不同,顶面为 790cm,底面为 590cm。托盘的高度为 150cm。

(2)顶帽。顶帽下部为 1050cm×270cm×40cm 的长方体,顶部为高 10cm 向四面倾斜的排水坡。在排水坡顶有四块 130cm×180cm 的矩形支撑垫块,由正面图可以知道垫块边缘与线路中心线的距离及垫块顶面的位置。

通过上述分析,就可以完整地了解桥墩的形状及尺寸。

第三节 桥 台 图

一、概述

桥台是桥梁两端的支柱,除支撑桥跨外,还起阻挡路基端部填土的作用。桥台的类型应根据台后路堤填土高度、桥梁跨度、地质、水文及地形等因素来决定。

1. 重力式桥台

桥台的类型有重力式桥台、轻型桥台、拼装式桥台等,下面介绍重力式桥台。

重力式桥台的类型按台身横截面形状不同,常见的有 U 形桥台,如图 9-7a) 所示;埋式桥台,如图 9-7b) 所示;耳墙式桥台,如图 9-7c) 所示;T 形桥台,如图 9-8 所示。

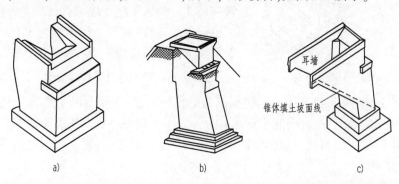

图 9-7 桥台的类型
a)U 形桥台;b)埋式桥台;c)耳墙式桥台

2. 桥台的组成

桥台由基础、台身和台顶组成。如图 9-8 所示。桥台的基础可采用明挖扩大基础、沉井基础及桩基础。如图 9-8 所示的 T 形桥台采用的是明挖扩大基础。

台身指的是桥台中基础以上,顶帽以下的部分。如图所示的 T 形桥台的台身,包括前墙、后墙及托盘三部分。托盘是用来承托台帽的。

台顶在桥台的上部,如图所示的 T 形桥台的台顶,由顶帽、墙身和道砟槽三部分组成。顶帽在前墙托盘上面,其顶面有支撑垫石。墙身是后墙的延续部分。道砟槽位于后墙的顶部,两边是挡砟墙,在挡砟墙内设有泄水管,以便将道砟槽内的积水排出桥台以外。道砟槽的两端为端墙。道砟槽面为中间高,两边低的斜面。斜面用由高到低、一长一短的示坡线表示。

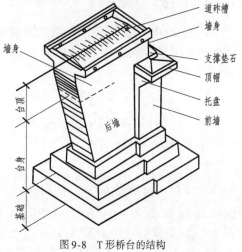

图 9-8 T 形桥台的结构

二、桥台的图示方法与要求

桥台图一般包括桥台总图、台顶构造详图和台顶钢筋布置图。

桥台总图主要表示桥台的总体形状和尺寸,各组成部分之间的相对位置和尺寸,桥台与路基及两边锥体护坡之间的关系。如图 9-9 所示,该图是 T 形桥台与路堤的连接示意图,表示了桥台与锥体护坡之间的关系。

如图 9-10 所示的 T 形桥台总图,由侧面图、半平面和半 I-I 剖面、半正面和半背面图组成。

1. 侧面图

桥台的侧面图,是在与线路垂直的方向上对桥台进行投影而得到的投影图,它主要表示桥台的侧面形状和尺寸。侧面图既反映了桥台的主要特征,又反映了桥台与线路、路基及锥体护坡之间的关系,故将其安排在正面图的位置作为主要投影图。

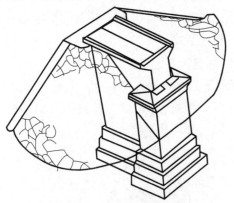

图 9-9　T 形桥台与锥体护坡

2. 半平面图和半 I-I 剖面图

桥台在宽度方向是以线路中心的铅垂面为对称轴的,所以桥台的平面图采用了半平面图和半 I-I 剖面图的表示方法,中间用点划线分开。半平面图主要表达道砟槽和顶帽的平面形状和尺寸。半 I-I 剖面图是沿地面线剖切而得到的水平投影图,它主要表达台身底面和基础的平面形状和尺寸。

3. 半正面图和半背面图

桥台的半正面图和半背面图,是以桥台顺线路中心线方向的正面和背面进行投影而得到的组合投影图。两个面的形状不同,但桥台在宽度方向是对称的,所以各画一半,中间以点划线分开。它主要表达桥台的正面和背面的形状和尺寸。

三、桥台图的识读

以图 9-10 为例,介绍桥台图的识读方法和步骤。读图时首先要看标题栏和附注说明。该图表示 T 形桥台的构造,尺寸单位是 cm。读图时,可采用形体分析法,将桥台分解为基础、台身和台顶三部分。

1. 基础

从桥台的侧面图和半 I-I 剖面图看出,桥台基础为矩形,一层,层高为 100cm,长度为 928cm,宽度为 540cm。

2. 台身

台身在桥台中部由前墙、托盘和后墙三部分组成。由侧面图并结合半平面、半 I-I 剖面图可知,前墙为 230cm × 380cm × 401cm 的长方体,前墙高度为 200 + 201 = 401cm。前墙的上部为托盘,呈梯形柱体,高度为 110cm,长度为 230cm,上底宽度为 560cm(600 − 20 − 20 = 560),下底宽度为 380cm。由侧面图可知,后墙部分为 508cm × 310cm × 511cm 的长方体,后墙的高度为 200 + 201 + 110 = 511cm。

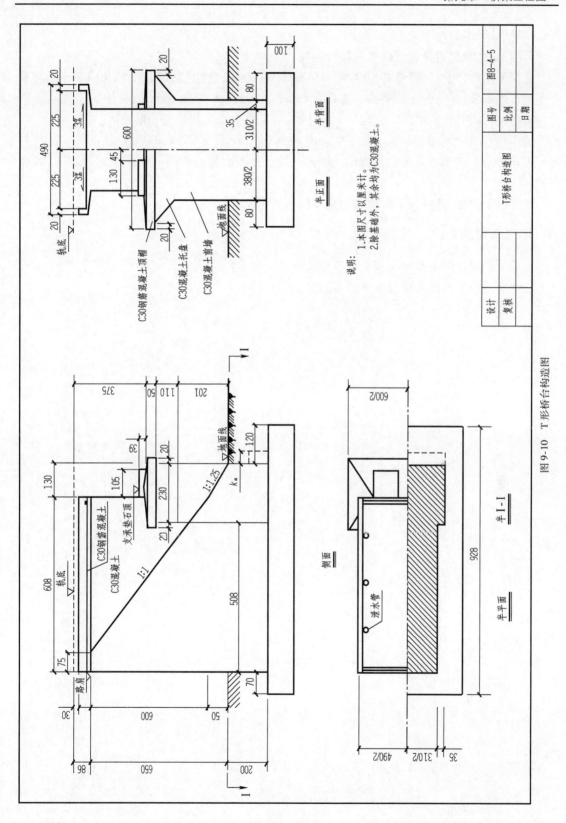

说明:
1. 本图尺寸以厘米计。
2. 除基础外,其余均为C30混凝土。

设计		T形桥台构造图	图号	图8-4-5
复核			比例	
			日期	

图 9-10 T 形桥台构造图

3. 台顶

台顶是由顶帽、墙身和道砟槽三部分组成。

顶帽在托盘之上,顶帽总高 $50+39=89$ cm,长为 600 cm,宽度为 $230+20+20=270$ cm。顶帽表面有排水坡、抹角和支撑垫石。垫石为 130 cm $\times 105$ cm $\times 39$ cm 的长方体。

墙身是后墙的延伸部分。它是一个棱柱体,前下角由一个切口与顶帽相接。

道砟槽位于桥台的顶部。顺台身方向两侧为挡砟墙,挡砟墙的厚度为 20 cm,总高为 $86-30=56$ cm。位于道砟槽前后端的为端墙。槽底上表面为由中间向两侧倾斜的坡面,坡度为 3%。

通过以上分析,就可以了解桥台的整体形状和尺寸。

复习思考题

1. 简述桥梁是哪些部分组成?各部分又有哪些种类?
2. 桥墩图和桥台图的读图有哪些要点?

第十章 涵洞工程图

学习目标

1.了解涵洞的组成及分类。

2.认识涵洞的图示方法。

3.掌握涵洞工程图的读图方法。

第一节 涵洞的基础知识

一、概述

涵洞是宣泄路堤下水流的工程构筑物。涵洞按构造形式分:圆管涵(如图 10-1 所示)、拱涵(如图 10-2 所示)、盖板箱涵(如图 10-3 所示)等。

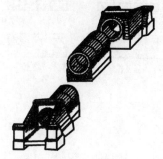

图 10-1 圆管涵

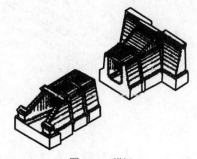

图 10-2 拱涵

涵洞是由洞口、洞身和基础三部分组成的排水构造物。洞身是涵洞的主要部分,它的主要作用是承受活载压力和土压力等并将其传递给地基,并确保设计流量通过的必要孔径。洞身较长的涵洞沿纵向应分成数段,分段长度一般为 3 ~ 6m,每段之间用沉降缝分开,基础也同时分开。

洞口包括端墙、翼墙或护坡、截水墙和缘石等部分组成,它是保证涵洞基础和两侧路基免受冲刷,使水流顺畅的构造。洞口分进水洞口和出水洞口,位于涵洞上游的洞口称进水洞口,位于涵洞下游的洞口称为出水洞口,常用的洞口形式有翼墙式、端墙式等。

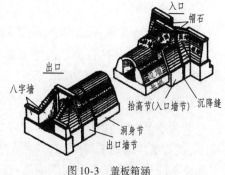

图 10-3 盖板箱涵

二、涵洞的图示方法与要求

涵洞工程图主要由纵剖面图、平面图、侧面图组成,除上述三种投影图外,还应画出必要的构造详图,如钢筋布置图、翼墙断面图等。

现以图 10-4 圆管涵洞立体分解图,图 10-5 端墙式单孔圆管涵洞的构造图为例,以下介绍涵洞图的图示方法与要求。

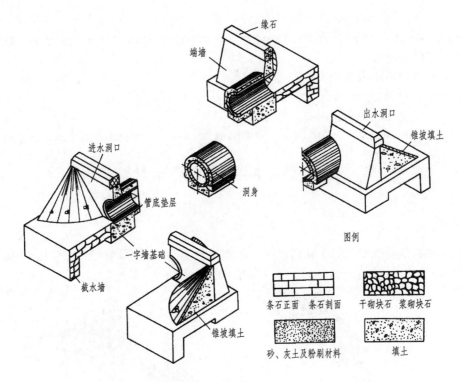

图 10-4　圆管涵洞立体分解图

1. 半纵剖面图

由于涵洞进出洞口一样,左右基本对称,所以只画出半纵剖面图,以对称中心线为界限。纵剖面图中表示出涵洞各部分的相对位置和构造形状。

2. 半平面图

为了同半纵剖面图相配合,故平面图也只画一半。图中表达了管径尺寸与管壁厚度,以及洞口基础、端墙、缘石和护坡的平面形状和尺寸、涵顶覆土作透明处理,但路基边缘线应予画出,并以示坡线表示路基边坡。

3. 侧面图

侧面图标示了管壁厚度以及洞口基础、端墙、缘石和护坡的平面形状和尺寸。为了使图形清晰,把土壤作为透明体处理,并且某些虚线未予画出,如路基边坡与缘石背面的交线和防水层的轮廓线等,图 10-5 中的侧面图,按习惯称为洞口正面图。

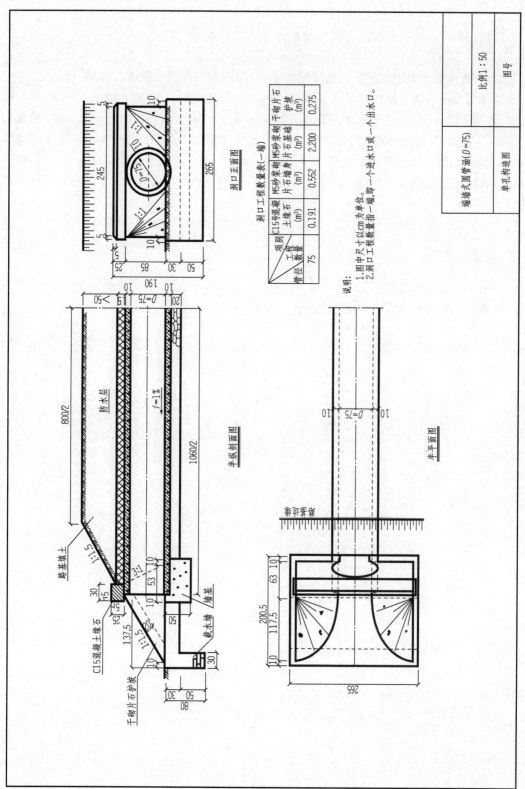

洞口正面图

半纵剖面图

半平面图

洞口工程数量表（一端）

项别 工程数量 管径(cm)	C15号混凝土缘石(m³)	M5砂浆砌片石墙身(m³)	M5砂浆砌片石基础(m³)	干砌片石护坡(m³)
75	0.191	0.552	2.200	0.275

说明:
1. 图中尺寸以cm为单位。
2. 洞口工程数量指一端即一个进水口或一个出水口。

		比例1:50	图号
端墙式圆管涵(D=75)	单孔构造图		

图10-5 圆管涵端墙式单孔构造图

第二节　涵洞工程图的识读

现以图 10-5 所示的端墙式单孔圆管涵为例,介绍涵洞工程图的识读方法和步骤。

由半纵剖面图和洞口正面图可知,洞口为端墙式,端墙前洞口两侧有 20cm 厚干砌片石铺面的锥形护坡,涵管内径为 75cm,涵管长为 1060cm 再加上两边洞口铺砌长度得出涵洞的总长为 1335cm。管壁厚 10cm,防水层厚 15cm,设计流水坡度 1%,涵身长 1060cm,洞身铺砌厚 20cm,以及基础、截水墙的断面形式等,路基覆土厚度大于 50cm,路基宽度 800cm,锥形护坡顺水方向的坡度与路基边坡一致,均为 1:1.5。各部分所用材料均于图中表达出来,但未示出洞身的分段。

从半平面图可知,管径、管壁厚度、洞口基础、端墙、缘石和护坡的平面形状和尺寸。

复习思考题

1. 涵洞主要分为哪几类?
2. 涵洞图主要用哪些图示方法来表示?

第十一章　隧道工程图

学习目标

1. 了解隧道工程图的基础知识。

2. 掌握隧道工程图的读图方法。

第一节　隧道的基础知识

一、概述

隧道是道路穿越山岭或水底的工程构筑物,隧道工程图一般包括四大部分,即地质图、线形设计图、隧道工程结构构造图及有关附属工程图。

隧道工程地质图包括隧道地区工程地质图、隧道地区区域地质图、工程地质剖面图、垂直隧道轴线的横向地质剖面图和洞口工程地质图。

隧道的线形设计图包括平面设计图、纵断面设计图及接线设计图,它是隧道总体布置的设计图样。

隧道工程结构构造图包括隧道洞门图、横断面图(表示洞身形状和衬砌及路面的构造)和避车洞图、行人或行车横洞等。

隧道附属工程图包括通风、照明与供电设施和通信、信号及消防救援设施工程图样等。

隧道横断面图主要包括限界标准、横断面形式、人行道布置和路面结构等内容。隧道的横断面形式,即衬砌内轮廓线。

隧道建筑限界是为保证隧道内各种交通的正常运行与安全,在规定的一定宽度和高度的空间限界内不得有任何部件或障碍物。

隧道的洞门形式很多,常用的有端墙式、翼墙式等,因此洞口构造图是隧道工程图的最主要的图样之一。如图 11-1 所示。

二、隧道洞门的图示方法与要求

现以图 11-2 为例,介绍隧道洞门图的图示方法与要求。隧道洞门的视图一般采用三面投影图来表达。

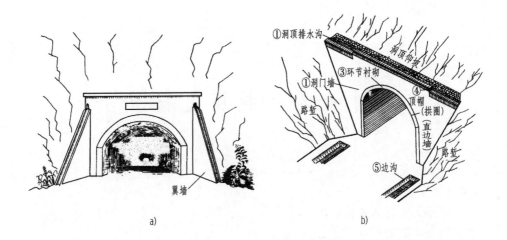

图 11-1　隧道洞门立体图

a) 端墙式;b) 翼墙式

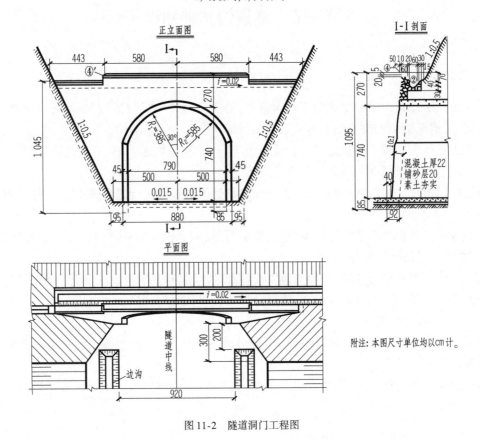

图 11-2　隧道洞门工程图

1. 立面图

在视图配置上以洞门正面作为立面图,反映出洞口墙的式样和各细部尺寸。如端墙的高度、长度,端墙与衬砌的相互关系,端墙顶水沟的坡度,洞门排水沟的位置和形状。

2.平面图

采用折断画法,仅画出洞门外露部分的投影,用示坡线表示各坡面的倾斜方向,同时将各坡面间交线也画出。由于洞门墙向后仰斜,水平投影图中没有产生积聚。

3.I-I 剖面图

用折断线截去其他部分,只画靠近洞口的一小段,表示出了端墙顶水沟的侧面形状及大小,端墙的倾斜状态和厚度。

第二节　隧道洞门图的识读

现以图 11-2 为例,介绍端墙式隧道洞门图的图示方法与要求。

从正立面图中可以看出,洞门墙顶高出的凸起部分称为顶帽,墙顶部的倾斜虚线从左往右下坡表达的是设在墙顶的洞口顶部排水口,注以 2% 箭头表示排水沟底的纵坡大小及流水方向;洞口衬砌断面采用直墙坦顶三心圆拱,它是由两个不同的半径($R_1 = 385cm$ 和 $R_2 = 585cm$)的三段圆弧和两直边墙组成,边墙及圈拱厚均为 45cm,洞口净空尺寸高为 740cm,宽为790cm;洞内路面采用 1.5% 的双向横坡,路面各分层采用虚线分隔,洞口中堑段两边侧上边坡为 1:0.5 的斜面,其坡脚距洞中心线每边为 500cm,其他虚线反映了洞门墙和隧道底面的不可见轮廓线,它们被洞门前两侧路堑边坡和路面所遮挡,故用虚线表示。

从平面图可以看出,洞门顶帽的宽度、洞顶排水沟的平面构造及洞门口两外侧边沟的位置。

从 I-I 剖面图可知,洞顶上部面墙仰坡为 1:0.5,洞顶排水沟及顶帽的断面尺寸得以充分表达,其施工所用材料为浆砌片石,洞身衬砌为混凝土材料,端墙仰坡为 10:1,端墙厚 60cm,端墙基础底宽 92cm,埋深 85cm。路面为 22cm 厚的混凝土及 20cm 厚的铺砂层,其下为夯实素土。

一、衬砌断面图

隧道洞身有不同的形式和尺寸,主要用横断面图来表示,称为隧道衬砌断面图。图 11-3 为直边式墙式隧道衬砌。

隧道衬砌主要由两部分组成,即拱圈和边墙。由图 11-3 可知,拱圈由三段圆弧组成。从中心线两侧各 45° 范围内,其半径为2200mm,圆心在中心线上,距轨顶4430mm;其余两段在圆心角为 33°51′范围内,半径为3210mm,圆心分别在中心线左右两侧 700mm,高度距轨顶 3730mm 处。拱圈厚 400mm。

边墙墙厚 400mm,左侧边墙高 1080 +4350 = 5430mm,右侧边墙高 700 + 4430 =5130mm,起拱线坡度为 1:5.08。

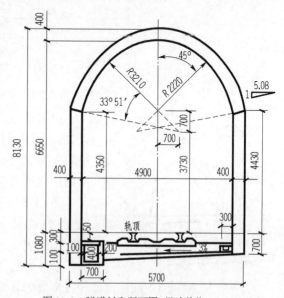

图 11-3　隧道衬砌断面图(尺寸单位:mm)

轨顶线以下为线路部分,可知钢轨及枕木的位置,以及道床底部为3%的单面排水坡。因此左侧底部没有排水沟,右侧为电缆槽。该隧道衬砌的总宽为5700mm,总高为8130mm。

二、避车洞图

当隧道不设人行道时,应设置避车洞。避车洞有大、小两种,是供行人和隧道维修人员及维修小车避让来往车辆而设置的,它们沿路线方向交错设置在隧道两侧的边墙上。通常小避车洞每隔30m设置一个,大避车洞每隔150m设置一个,为表达清楚大小避车洞的相互位置,采用位置布置图表示。而避车洞详图则另外以剖面图形式表达,图11-4所示为某隧道避车洞布置图。

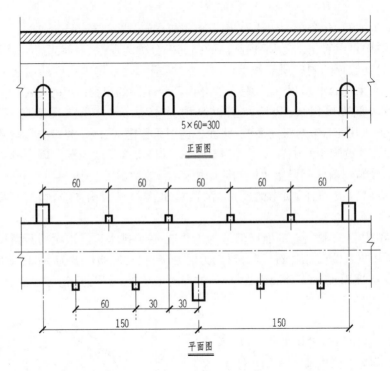

图11-4 大小避车洞位置示意图(尺寸单位:m)

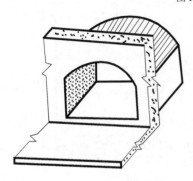

图11-5 大避车洞示意图

由图可见,这种布置图图形简单,为节省图幅,纵横方向可采用不同比例,纵方向常用1:2000,横向常用1:200比例。视图中平面图表示了避车洞在隧道左右两侧的布置情况,立面则用纵剖面表达一侧避车洞的排列情况。

图11-5为大避车洞示意图,图11-6是大避车洞的构造详图,图11-7是小避车洞的构造详图。视图处理上采用剖面或断面图来表达,并用折断线截去其他部分,突出表达避车洞细部构造。通过图11-6和图11-7可以知道大、小避车洞的构造和各部分的详细尺寸。

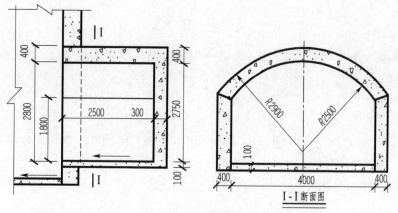

图 11-6 大避车洞构造详图(尺寸单位:mm)

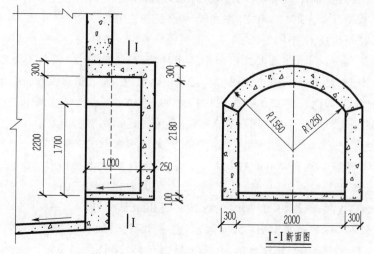

图 11-7 小避车洞构造详图(尺寸单位:mm)

复习思考题

1. 常见隧道洞门分为哪几类?
2. 隧道洞门图、衬砌断面图、避车洞图分别用哪些图示方法来表示?

参 考 文 献

[1] 中华人民共和国行业标准. TB/T 10058— 98 铁路工程制图标准[S]. 北京:中国铁道出版社,2003.

[2] 中华人民共和国行业标准. TB/T 10044— 98 铁路工程 CAD 技术规范[S]. 北京:中国铁道出版社,1998.

[3] 中华人民共和国行业标准. TB/T 10058— 98 铁路工程制图图形符号标准[S]. 北京:中国铁道出版社,1998.

[4] 中华人民共和国国家标准. GB 50162— 92 道路工程制图标准[S]. 北京:中国计划出版社,1993.

[5] 刘秀芩. 工程制图[M]. 北京:中国铁道出版社,2006.

[6] 于习法. 土木工程制图[M]. 南京:东南大学出版社,2011.

[7] 杨桂林. 工程制图及 CAD[M]. 北京:中国铁道出版社,2011.

[8] 金永超,贾艳东. AutoCAD 土木工程制图实用技巧[M]. 北京:中国电力出版社,2009.

[9] 王强,张小平. 建筑工程制图与识图[M]. 2 版. 北京:机械工业出版社,2010.

[10] 朱建国,叶晓芹,甘民. 建筑工程制图[M]. 2 版. 重庆:重庆大学出版社,2010.

[11] 刘松雪,姚青梅. 道路工程制图[M]. 北京:人民交通出版社,2012.

[12] 张爽,张晓芹. 土木工程制图[M]. 北京:人民交通出版社,2009.

[13] 王涛,张军. 建筑制图与 AutoCAD[M]. 上海:上海交通大学出版社,2009.

[14] 牟明. 建筑工程制图与识图[M] 北京:清华大学大学出版社,2011.

[15] 沈凌. AutoCAD 辅助设计[M]. 北京:人民交通出版社,2011.

[16] 符明娟. 道路工程制图与 CAD[M]. 北京:科学出版社,2004.

[17] 郑国权. 道路工程制图[M]. 北京:人民交通出版社,2001.